RENGONG ZHINENG YU LVSE SUANLI BAIWEN BAIDA

人工智能与绿色算力
百问百答

童庆军　编著

青海人民出版社

图书在版编目（CIP）数据

人工智能与绿色算力百问百答／童庆军编著．
西宁：青海人民出版社，2025.2. -- ISBN 978-7-225
-06826-8

Ⅰ．TP18-44；TP393.027-44

中国国家版本馆CIP数据核字第2024LV8348号

人工智能与绿色算力百问百答

童庆军　编著

出 版 人	樊原成	
出版发行	青海人民出版社有限责任公司	
	西宁市五四西路71号　邮政编码:810023　电话:（0971）6143426（总编室）	
发行热线	（0971）6143516／6137730	
网　　址	http://www.qhrmcbs.com	
印　　刷	青海雅丰彩色印刷有限责任公司	
经　　销	新华书店	
开　　本	880mm×1230mm　1／32	
印　　张	7	
字　　数	100千	
版　　次	2025年2月第1版　2025年2月第1次印刷	
书　　号	ISBN 978-7-225-06826-8	
定　　价	48.00元	

前言

　　2023 年 9 月，全国新型工业化推进大会在京召开，习近平总书记就推进新型工业化作出重要指示指出，深刻把握新时代新征程，推进新型工业化的基本规律，积极主动适应和引领新一轮科技革命和产业变革，把高质量发展的要求贯穿于新型工业化全过程，把建设制造强国同发展数字经济、产业信息化等有机结合，为中国式现代化构筑强大物质技术基础。人工智能作为现代社会发展的核心新质生产力，具有基础性、引擎性的作用，因此，人工智能必然要成为国家的产业战略。同时还要看到，人工智能会应用到各个领域，包括军事、政治、社会服务与治理、制造业、农牧业……

但是，人工智能将消耗大量的电力，直接冲击了国家宣布的碳达峰、碳中和的目标。地球是人类的家园，我国是一个负责任的大国，自然要承担相应的责任，面对这一尖锐的矛盾，青海也许是唯一一把化解这一矛盾的金钥匙。

　　青海有大量的清洁能源，截至2023年底，光伏、风电的装机容量达3800万千瓦，水电近1500万千瓦，还有聚热能、压力储能、二氧化碳储能、电化学储能等多种方式。在青海搞算力中心，完全可以实现零碳排放。而人工智能的模型训练、数据标注等对延时要求不高，甚至"推理"也是完全没有问题的。目前，青海的Internet直联点已经建成，带宽达16.7T，并且利用已有的条件，还在建设备用网络。延时，省内可以实现1ms，近距离省外可达5ms以下，远距离，如到上海可达20ms以下，延时抖动也是可控的，甚至可以实现0延时抖动、0丢包。因此，大量的大模型训练、推理，数据标注，非结构化数据的结构化处理，视频的渲染，远程医疗，等等，这些不用直接操作数据库的数据处理，都是可以拿到青海来完成。

青海的气候冷凉、干燥、洁净，PUE 值最低可达 1.11。清华大学对口支援青海大学，使得青海大学的教学水平和生员质量大幅度提高，国际超算比赛多次获得一等奖，同时各地支援青海的人才已经形成初步的规模；青海省委、省政府高度重视绿电变绿算的产业战略，省委书记、省长春节后亲自披挂上阵，多次向全国宣传推介青海的优势，政府也在绿算产业上创造更多的优惠政策，来支撑国家的人工智能战略。青海已经准备好了，要为全国的"人工智能"提供"绿色算力"的支撑。

为了适应这样的形势，让青海的干部和群众深刻理解绿算产业的意义，我们编著了《人工智能与绿色算力百问百答》，就绿电、绿算、绿金进行了全面的解读。这本用于宣传和普及人工智能与绿算相关知识的具有科普性质的小册子，最大的特点就在于运用了更口语化、更通俗易懂的语言，为那些想了解人工智能与绿算行业的相关人员答疑解惑，配合政府全面开展绿算产业。

新质生产力以其高科技、高效能、高质量的特征对经济社会发展提出了更高的要求。从战略高度来说，就是瞄准新一轮科技革命和产业变革的突破方向，抓住全球产业结构调整布局中孕育的新机遇，而青海绿电变绿算的产业战略，必将为我国在培育壮大新兴产业、布局建设未来产业、推动发展新质生产力的耦合效应和倍增效应上添砖加瓦、贡献力量。

陆宝华

2024 年 7 月于青海

目录

人工智能篇

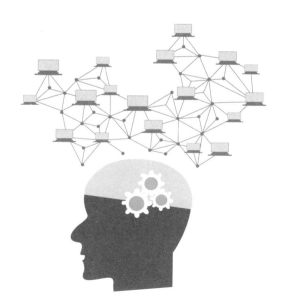

1 | 什么是新质生产力？

　　新质生产力，是习近平总书记运用马克思主义政治经济学基本原理，对新时代我国生产力发展实践作出的理论概括。首次提出是在 2023 年 9 月在黑龙江考察调研期间，2024 年 1 月 31 日，习近平总书记在中共中央政治局第十一次集体学习时强调，加快发展新质生产力，扎实推进高质量发展。

　　新质生产力这个概念听起来可能有点抽象，但用通俗的话来说，它指的是在经济社会发展过程中出现的、与以往不同的、更高效或具有创新特性的生产能力和方式。简单来说，就是由于技术进步、管理模式创新或是新的生产要素的加入，使得生产活动能够以一种更先进、更高效的方式进行，从而创造出更多的价值。

　　比如，在工业革命时期，蒸汽机的发明和应用就是一种新质生产力的体现，它让人类从依赖人力和畜力转向了机械化生产，极大地提高了生产效率。再比如，互联网技术的发展，使得信息传播速度加快，资源调配更加灵活，远程协作成为可能，这也是一种新质生产力，它改变了我们的工作方式，促进了新兴产业的诞生和发展。

总之，新质生产力就像是给经济社会这台大机器装上了更强劲的发动机，让它跑得更快、做得更多、效率更高。

互联网医院平台、5G远程机器人手术、智慧药房……不断丰富的应用场景，带来更优质的医疗服务。

如今，智慧农业已贯穿到农业发展的各个领域环节，数字科技赋能助力现代化。

这些变化的背后，都有新质生产力发挥作用，为我们带来了更多美好生活体验。

2 | 什么是人工智能？

人工智能（Artificial Intelligence），英文缩写为 AI，是研究、开发用于模拟、延伸和扩展人的智能的理论、方法、技术及应用系统的一门新的技术科学，它是计算机科学的一个分支，旨在生产出一种能与人类智能相似的方式做出反应的智能机器。

人工智能是一门前沿
的综合学科

人工智能可以代替人类
实现多种功能

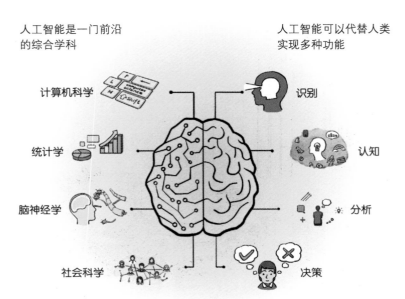

计算机科学

统计学

脑神经学

社会科学

识别

认知

分析

决策

3 什么是人工智能即服务？

　　人工智能即服务（AIaaS），就像是把人工智能这个高科技大脑放到云上，可以让人们像用水电一样方便地使用它。你不需要自己造一台复杂的电脑，也不需要成为顶尖的科学家，就可以享受到电脑运算和互联网带来的便利。同样，有了 AIaaS，企业或者个人不用从零开始研究复杂的 AI 技术，也不需要购买昂贵的设备，只要通过网络连接到云服务平台，就可以按需使用各种现成的 AI 工具和功能。这样，就算是小公司或个人开发者，也能用上以前只有大公司才玩得起的高科技。而且，这些服务很灵活，用得多时就多付费，用得少时就少付费，非常适合各种规模的团队和项目，既省钱又省力。

4 | 人工智能是如何工作的？

人工智能（AI），就像是模仿人类智慧设计的电脑程序或机器，能完成一些通常需要人类智能才能做到的任务。要理解它是如何工作的，我们可以想象一个简化版的过程，包含三个基本步骤：输入、处理、输出。

（1）输入（感知世界）：就像我们用眼睛看、耳朵听一样，人工智能通过传感器或数据接收信息。比如，摄像头捕捉图像，麦克风录制声音，或者直接读取数据库里的数字信息。这些信息是人工智能理解和分析世界的原材料。

（2）处理（思考）：接收到信息后，人工智能使用复杂的算法来处理这些数据。这里的核心是"算法"，它有点像一系列的规则或菜谱，告诉电脑如何处理信息。其中，机器学习和深度学习是特别强大的工具，能让 AI 在大量数据中自我学习和改进。比如，通过分析成千上万张猫的图片，AI 学会了识别猫的特征，即使遇到没见过的猫，也能认出来。

（3）输出（行动）：处理完信息后，AI 会做出响应或决策，这可能是提供一个答案、执行一个动作或改变它的状态。比如，智能语音助手回答你的问题，自动驾驶汽车根据路况调整行驶方向，或者推荐系统给你推送你可能喜欢的电影。

整个过程就像是一个循环，AI 不断地从环境中学习，更新自己的知识库，然后用新的知识来更好地应对下一次的挑战。就像小孩通过不断的尝试和反馈来学习一样，人工智能也是通过大量的实践和调整，逐步提升自己的智能水平。

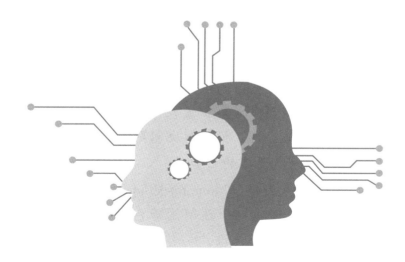

5 | 人工智能的主要分支有哪些？

人工智能是个大家族，里面有很多不同才能的成员，主要可以分为几个大的分支：

（1）机器学习（Machine Learning）。这是 AI 里特别爱学习的一个分支，它让计算机自己从数据中找规律，学着做事情，比如通过分析大量邮件学习区分垃圾邮件和重要邮件。

（2）神经网络（Neural Networks）。模仿人脑神经元工作的网络系统，特别擅长处理图像识别、语音识别这类复杂任务，就像给电脑装了个模拟大脑，让它能"看"会"听"。

（3）自然语言处理（Natural Language Processing）。这个分支让电脑学会理解和生成人类的语言，比如智能客服能听懂你说话，帮你解决问题，或者自动翻译器能快速翻译不同语言的文章。

（4）计算机视觉（Computer Vision）。让机器拥有了"眼睛"，能够识别、理解图像和视频里的内容，比如摄像头能认出你是谁，或者无人驾驶汽车能识别路标和行人。

（5）机器人技术（Robotics）。结合了前面几种技术，让物理机器人能动起来，完成各种任务，比如工厂里的机械臂、家庭中的扫地机器人。

（6）专家系统（Expert Systems）。像一个装满专业知识的顾问，能根据特定领域知识给出建议或决策，比如医疗诊断辅助系统能帮助医生分析病例。

（7）模糊识别与模糊逻辑（Fuzzy Recognition and Logic）。处理那些不是非黑即白的信息，比如温度的冷热，通过模糊规则让机器理解并处理这些不确定的信息。

这些分支相互交叉，共同推动人工智能技术的进步，让AI越来越聪明，更好地服务于我们的生活和工作。

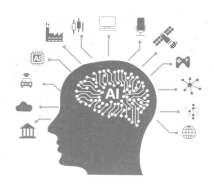

6 | 人工智能的学习方式有哪些？

　　人工智能学习方式就像是小孩子用不同方法学习新技能，主要有这几种：

　　（1）监督学习（Supervised Learning）。就像老师手把手教学生。AI会得到一组已经标注好的例子，比如很多张图片，每张都标明了是猫还是狗，AI通过学习这些例子，学会以后看到新的图片时能判断出是猫还是狗。

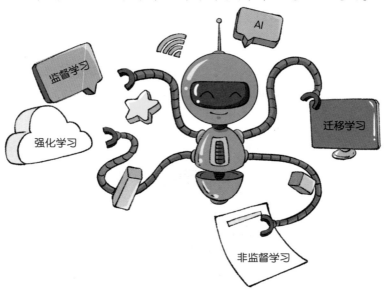

（2）非监督学习（Unsupervised Learning）。这更像是小孩自己在玩积木，没有明确的指导。就是说，AI拿到一堆数据，虽然不知道每个数据具体代表什么，但AI会自己找出数据间的相似之处，把它们分类或找出规律，比如将相似的照片归在一起。

（3）强化学习（Reinforcement Learning）。想象一下训练小狗做技巧，做好了就奖励一块骨头，做错了就没有。AI在这个过程中会尝试不同的行动，如果它的选择让它获得了奖励，比如游戏得分提高，它就会记住这个做法，下次有很大几率会重复这个成功的策略。

（4）迁移学习（Transfer Learning）。这有点像孩子在一个领域学到了东西，然后用到另一个领域。AI在解决一个问题上学习到的知识，可以直接或者稍加调整后，用来解决一个新的但相关的问题，这样可以更快地学习和提高效率。

通过这些方法，人工智能不断地从数据中吸取知识，提升自己的能力和表现，就像我们人类通过不断学习和实践变得更聪明一样。

7 | 人工智能的核心要素包括哪些?

人工智能的核心要素主要包括以下几个方面:

(1)数据。就像人通过经验和知识学习一样,人工智能也需要大量的数据来"学习"。这些数据可以是图片、文字、声音等,帮助 AI 理解世界。

(2)算法。算法就像是 AI 的大脑规则,告诉它如何处理和分析接收到的数据。比如,有些算法能帮助 AI 识别图像中的物体,有些则能理解和生成语言。

(3)计算能力。强大的计算机硬件,特别是专门设计的芯片(如 GPU、TPU),为 AI 提供了运行复杂算法所需的算力。这就像人的大脑需要足够的能量来思考问题一样。

(4)机器学习。这是一种让 AI 自己从数据中学习的方法,而不是人类手动编写所有规则。通过训练,AI 能逐渐提高任务执行的准确度。

(5)深度学习。这是机器学习的一个高级分支,模仿人脑神经网络的工作方式。通过多层的神经网络结构,AI 能更高效地学习复杂的模式和特征。

（6）自然语言处理。让 AI 能够理解、生成和处理人类语言的技术。这使得 AI 可以与我们对话、理解文本意思，甚至进行翻译。

（7）决策与推理。使 AI 能够在给定情境下做出决策或推断的能力。这涉及逻辑判断、规划和解决问题，让 AI 不仅能处理数据，还能基于数据做决策。

总的来说，人工智能就像是一个聪明的学生，通过不断学习（数据和算法），拥有快速计算的大脑（计算能力），掌握语言交流（自然语言处理），并能独立思考做决定（决策与推理），从而在很多领域展现出惊人的能力。

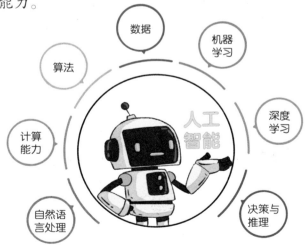

8 | 人工智能的发展经历了哪几个阶段？

人工智能的发展可以大致分为以下几个阶段：

（1）起源梦想期（20世纪50年代以前）。这个时期像是人们对未来的美好幻想，科学家们开始构想能够像人一样思考的机器。艾伦·图灵在这个时候提出

圆桌会议

AI 诞生

了著名的"图灵测试",想知道机器是否能表现出与人相同或无法区分的智能。

（2）初露曙光期（20世纪50年代中期至20世纪70年代初）。人工智能这个名词正式诞生于1956年的达特茅斯会议,像是一颗新星升起。这时候出现了第一代神经网络和简单的AI程序,比如能下棋的电脑,虽然还很基础,但让人们看到了可能性。

（3）寒冬低谷期（20世纪70年代至80年代初）。梦想遭遇现实的冷水，由于技术限制和预期过高，人工智能的发展遇到了瓶颈，资金减少，很多人开始质疑AI的价值，仿佛冬天来临，一切进展缓慢。

（4）复苏成长期（20世纪80年代至90年代）。随着专家系统的兴起和机器学习技术的进步，AI开始在特定领域展现实力，比如在医疗诊断和语音识别上取得突破，就像是春天来了，万物复苏。

（5）互联网繁荣期（20世纪90年代末至21世纪初）。互联网的快速发展为AI提供了海量数据，搜索引擎、推荐系统开始变得智能，AI与人们的日常生活越来越紧密，像是一场夏日盛宴，热闹非凡。

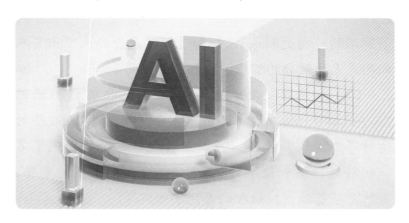

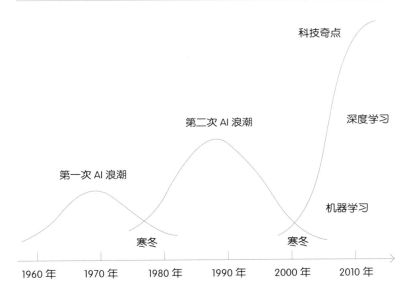

（6）深度学习革命期（21世纪10年代至今）。得益于大数据、云计算和高性能计算技术，深度学习技术横空出世，AI在图像识别、自然语言处理等方面取得了巨大进步，AlphaGo击败围棋世界冠军李世石成为标志性事件，AI进入黄金时代，仿佛秋收季节，硕果累累。

　　每个阶段都是AI不断学习、适应和进化的过程，现在我们正处在AI技术飞速发展的新时代，它正在以前所未有的方式改变着我们的世界。

9 | 什么是机器学习和深度学习，二者有何不同？

机器学习和深度学习都是让电脑从数据中学习的方法，但它们的工作方式有些不同，就像做菜时用的不同烹饪工具。

机器学习，就像是使用各种厨具来做饭。你可能用到切菜的简单工具（刀）、用来炒菜的通用工具（锅）和其他一些基本器具。你需要手动挑选食材（数据特征），决定怎么切、怎么搭配（特征工程），然后用锅炒出一道菜（训练模型）。比如，你可能会根据颜色、形状来分辨苹果和梨，这些都是你所提前想好的判断标准。

深度学习，则是使用了一种特别强大的厨具——自动料理机，它里面有很多层不同的工具，每一层都能对食材进行更细致的加工。你只需要把一堆食材（原始数据）扔进去，它会自动学习哪些步骤能做出美味的菜肴（自动特征学习）。比如，在识别苹果和梨时，你不用告诉它看颜色和形状，它自己会从像素开始，学习到边缘、纹理、形状等多层次的特征，最后能非常准确地区分它们。

机器学习更依赖人类事先的设计和特征选择，而深度学习则通过多层的神经网络自动发现数据中的有用特征，尤其擅长处理复杂、高维度的数据，比如图像、声音等，但它需要更多数据和计算资源来训练。

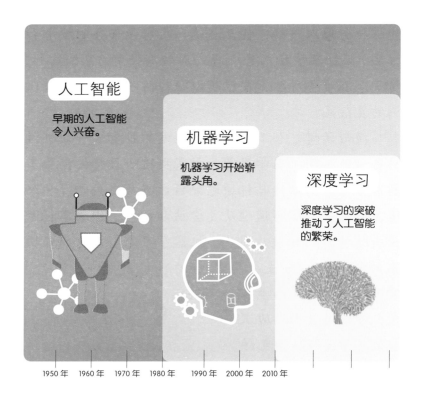

人工智能

早期的人工智能令人兴奋。

机器学习

机器学习开始崭露头角。

深度学习

深度学习的突破推动了人工智能的繁荣。

1950 年　1960 年　1970 年　1980 年　1990 年　2000 年　2010 年

10 | 机器学习和人工智能的关系是什么？

机器学习和人工智能之间的关系，就像是做菜和烹饪技术的关系。人工智能是一个宽泛的概念，就像是烹饪这个大领域，它包含了所有让机器变得智能、能够执行像人一样，甚至超越人类智能任务的技术和方法。而机器学习（ML）则是一种特别强大的烹饪技术，特别是在准备那些需要根据以往经验不断调整调料比例的复杂菜肴时。

换句话说，人工智能想要达到的目标——让机器具备智能；而机器学习是一种实现这一目标的重要工具和方法，它让计算机通过分析数据来自我学习和改进，就像一个厨师通过反复尝试和调整，逐渐掌握做出美味佳肴的秘诀。因此，机器学习是人工智能领域内的一个核心分支，两者紧密相连，但机器学习聚焦于通过数据驱动让机器"学习"从而变得更加智能的具体途径。

11 | 强化学习的基本原理是什么？

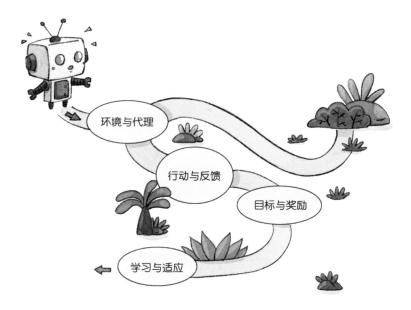

环境与代理

行动与反馈

目标与奖励

学习与适应

　　强化学习，简单来说，就像是教一个孩子通过不断尝试和犯错来学习做好一件事的过程。想象你有一个小机器人，你想让它学会在迷宫里找到出路。这里的基本原理可以分为四步：

　　（1）环境与代理。首先，有一个环境（比如迷宫）和一个在这个环境中行动的代理（就是我们的小机器人）。其次，代理需要做出选择，比如向左转、向右转或者直行。

（2）行动与反馈。代理根据当前的情况选择一个动作，并执行这个动作。做了动作之后，环境会给出一个反馈。反馈通常包括两个部分：一个是奖励，即告诉代理它做得有多好，比如找到出路就给一个大大的正奖励；另一个是新的状态，也就是执行动作后所处的新环境状况，比如是不是更接近出口了。

（3）目标与奖励。代理的目标是最大化长期奖励。它就像是想要积累最多糖果的孩子，每次做出正确决定就得到糖果作为鼓励。通过这些即时奖励，代理学会了哪些行为能带来好的结果。

（4）学习与适应。代理不是一开始就什么都知道，它需要通过尝试不同的路径，记住哪些路径带来了更多的奖励，哪些导致了惩罚或较少的奖励。随着时间的推移，代理会根据以往的经验调整自己的行为策略，逐渐学会采取那些能够获得更高奖励的动作序列。

强化学习就是通过"试错"来学习如何在特定环境下采取行动以达到最好结果的过程。代理通过不断地与环境互动，基于奖励的反馈来优化自己的行为策略。

12 什么是自然语言处理？

　　自然语言处理（Natural Language Processing，简称NLP）就像是教电脑如何理解和使用人类的日常语言。比如，你有一位特别聪明的朋友，他不仅能听懂你说的话，还能理解你的意思，甚至能用语言和你交流想法、回答问题或讲故事。NLP就是让电脑拥有这种能力的技术。

13 | 自然语言处理在人工智能中有什么作用?

自然语言处理(NLP)就像是人工智能的"翻译官"和"理解者"。它的主要任务是帮助计算机理解、生成和交互人类日常使用的自然语言。下面是一些具体的作用:

(1)理解语言。这包括让电脑能"读"或"听"懂我们说的话。比如,当你对着手机说"明天西宁天气怎么样"时,NLP技术能理解这句话的意思,知道你在问关于西宁明天的天气情况。

(2)分析和生成。电脑不仅要理解语言,还要能分析语言中的结构、情感和意图。比如,分析一条评论是正面还是负面的评价,或者从一篇文章中提取关键信息。同时,NLP也会帮助电脑生成语言,创作文本、翻译或自动回复邮件等。

（3）交互沟通。最终，NLP 使得人与机器之间能够更加自然流畅地交流。无论是智能客服自动回答你的问题，还是语音助手帮你安排日程，背后都是 NLP 在努力确保双方能有效沟通。

总之，自然语言处理就像是给电脑装上了一个强大而灵活的"大脑"，让它能够真正地理解和运用人类的自然语言，让我们的生活变得更加便捷和智能。

14 | 什么是人工神经网络？它如何模拟人脑工作？

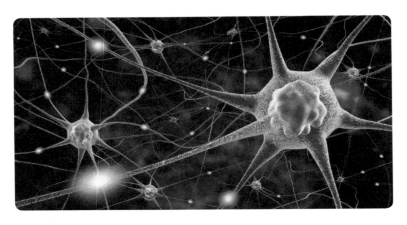

　　人工神经网络（Artificial Neural Network，简称ANN）是一种受生物神经网络（也就是人脑中神经元网络）启发的计算模型。在人脑中，数以亿计的神经元通过突触相互连接，处理和传递信息。

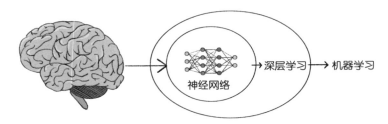

你可以想象它是一个超级复杂的拼图团队，每个成员都擅长特定类型的拼图块，而且它们还能相互学习和交流怎么拼得更快更好。想象我们大脑里有无数这样的小团队，每个小团队就是神经元。每个神经元会接收到一些信息碎片（就像拼图块），然后根据自己的经验和规则（这叫激活函数），决定要不要把这些信息传递给下一个团队。传递的时候，它们还会给这些信息加上一个"信任度评分"（权重），告诉接收方这个信息有多重要。

在神经网络中，这些小团队被组织成多层，一层层地处理信息。最开始的几层可能负责识别基本信息，比如在图像识别中，第一层可能学会识别边角，下一层可能学会组合边角识别形状，再后面可能就识别出是眼睛还是鼻子。每一层都比前一层更加具象，直到最后输出层给出一个最终答案，比如"这是一只猫"。

神经网络学习的过程，就像是这些团队不断练习拼图，开始时可能一团糟，但通过反复尝试和调整（这就是反向传播和梯度下降等算法在起作用），它们逐渐学会了高效正确地完成任务。每次练习完，团队里的每个成员（神经元）都会根据这次的表现，微调自己处理信息的方式，也就是调整权重，使得下次遇到类似情况时表现得更好。

所以，神经网络模拟人脑，主要是通过这些层层相连、能自我调整的小团队，一步步将复杂信息拆解、处理，最终完成识别、决策等任务。虽然它简化了很多大脑的复杂机制，但基本原理上借鉴了大脑中神经元之间传递信息和学习的方式。

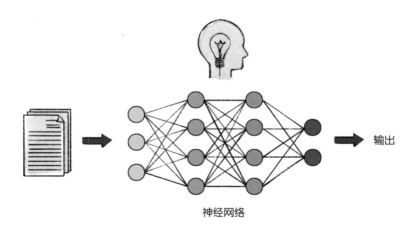

神经网络

15 | 神经网络在人工智能中扮演什么角色?

在人工智能中,神经网络扮演着极其重要的角色,主要体现在以下几个方面:

(1)模式识别。神经网络擅长从大量数据中识别和分类模式,如图像识别、语音识别和自然语言处理。

人脸识别

(2)预测与建模。它们可以用于预测未来的趋势或结果,如股市预测、天气预报以及疾病诊断。

（3）决策制定。通过学习历史数据和反馈，神经网络可以辅助或自动化决策过程，如自动驾驶汽车的路径规划。

（4）自适应学习。与传统的编程方法不同，神经网络可以通过训练自我优化，学习到更优的解决方案，对新情况做出灵活反应。

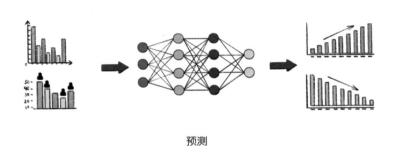

预测

音乐创作

（5）强化学习。结合强化学习算法，神经网络能够基于奖励或惩罚信号优化行为策略，如在复杂游戏中达到人类或超越人类的水平。

人工神经网络是实现人工智能的关键技术之一，它们使机器能够理解和处理复杂、模糊的信息，模拟人类的某些智能行为，从而在众多领域推动了人工智能的发展。

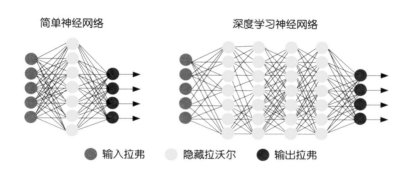

16 | 什么是卷积神经网络？

卷积神经网络（Convolutional Neural Networks，简称 CNN）是一种深度学习模型，特别适用于处理具有网格结构数据的任务，如图像识别、视频分析和语音识别等。其核心特点是采用卷积运算来提取输入数据的特征，这种结构模仿了生物视觉系统的信息处理方式，因此在计算机视觉领域尤为成功。

CNN 就像是一个非常聪明的图像侦探，它的任务是理解和识别图片里有什么东西。具体来说，CNN 会用很多小"滤镜"（就像侦探的放大镜）在图片上滑来滑去，每个滤镜都在寻找一种特定的图案或边缘，比如直线、曲线或者颜色变化。每次滑动，滤镜都会告诉网络："这里有我找的图案！"这样，网络就能逐渐理解图片里各个部分的特征。然后，网络还会做一些简化工作，把不是特别重要的细节忽略掉，只保留最重要的信息，这一步叫作"池化"。经过多次这样的卷积和池化操作后，网络就得到了图片的精华信息，就像侦探总结案情要点一样。最后，基于提取到的这些关键特征，CNN会尝试判断图片属于哪个类别，比如是猫、狗还是汽车。它通过学习大量的样本照片，逐渐变得越来越擅长这个任务，这就是所谓的"训练"。

总之，卷积神经网络就是一个通过特殊设计的层层过滤和分析，从图像中找出有用信息，并据此做出判断的智能工具。

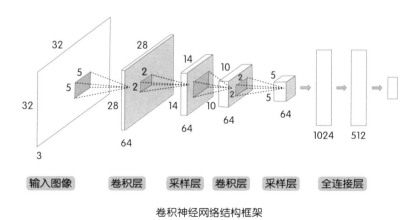

卷积神经网络结构框架

17 卷积神经网络在人工智能中主要解决什么类型的问题？

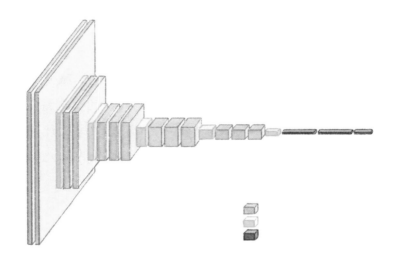

卷积神经网络（CNN）

卷积神经网络（Convolutional Neural Networks，简称 CNN）在人工智能领域具有极其重要的地位，主要解决以下几个方面的问题：

（1）图像识别与处理。CNN 特别擅长处理像素数据，能够自动学习并提取图像中的局部特征，如边缘、纹理、形状等，进而实现高精度的图像分类、物体识别、目标检测和图像分割等任务。这是 CNN 最著名的应用领域，也是推动深度学习在计算机视觉领域取得突破的关键因素。

（2）自然语言处理。尽管起初设计用于图像，CNN 也被证明在自然语言处理任务中非常有效，如文本分类、情感分析、语义角色标注等。

（3）语音识别。CNN 能够处理一维信号，如音频波形，提取时序特征，结合循环神经网络（RNN）或其他序列模型，极大地提高了语音识别系统的准确率。

（4）视频分析。在处理视频数据时，CNN 可以利用时空卷积来同时分析视频帧的图像内容及其随时间的变化，适用于动作识别、视频摘要生成和场景理解等任务。

（5）强化学习。在某些强化学习场景中，CNN 被用来处理环境的视觉输入，帮助智能体做出基于视觉观察的决策，比如在游戏、机器人导航和自动驾驶中。

（6）生成模型。作为生成对抗网络的一部分，

CNN 可以用作生成器或判别器，生成高质量的图像、视频，甚至文本数据。

（7）迁移学习。由于 CNN 能够学习到通用的特征表示，预训练的 CNN 模型可以在不同的任务和数据集之间进行迁移学习，大大减少了新任务的训练时间和数据需求。

（8）医学影像分析。在医疗领域，CNN 被广泛应用于肿瘤检测、病灶分割、病理图像分析等，提高了诊断的准确性和效率。

综上所述，CNN 通过其独特的结构设计和强大的特征提取能力，成为现代人工智能技术栈中不可或缺的一部分，推动了多个领域的技术创新和应用落地。

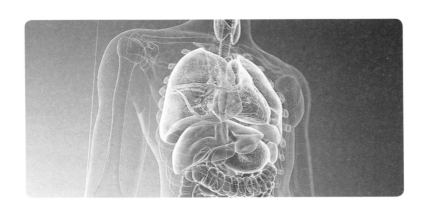

18 | 什么是循环神经网络?

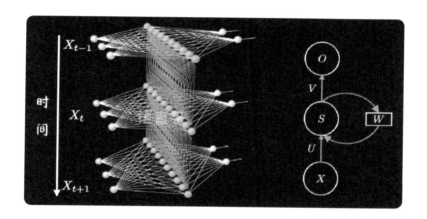

　　循环神经网络（Recurrent Neural Network，简称 RNN）是一种特别设计用来处理序列数据的神经网络模型。在常规的神经网络中，数据是沿着输入层到隐藏层再到输出层的静态路径流动，每个输入数据之间被视为独立的。但现实世界中，很多数据是有序列特性的，比如文字、声音信号或时间序列数据，这些数据在时间上有依赖关系，一个元素往往和它前面的元素有关联。

　　RNN 的独特之处在于它具有循环的结构，允许信息在时间步骤之间传递。这意味着 RNN 中的神经元可以在处理当前输入的同时，考虑到来自过去输入的历史信息。它通过一种称为"隐藏状态"的机制实现这一点，这个隐藏状态就像是网络的记忆，可以在每个时间步骤更新并传递给下一个时间步骤。

形象地说，当你阅读一篇文章时，RNN 在处理每一个单词时，不仅能考虑这个单词本身，还能结合前面读过的所有单词的综合理解（隐藏状态），来更好地理解当前的上下文，并预测或生成后续的单词。这种对序列中时间依赖性的捕捉能力，使得 RNN 及其变体（如 LSTM 和 GRU）成为自然语言处理、语音识别、机器翻译等领域不可或缺的工具。

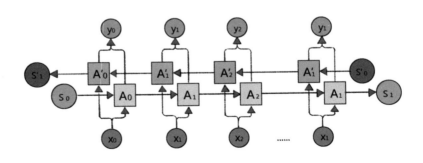

循环神经网络（RNN）

19 | 什么是生成对抗网络？

生成对抗网络（Generative Adversarial Networks，简称 GANs）是一种高级的机器学习模型，由 Ian Goodfellow 等人在 2014 年提出。这个模型的基本思想源自博弈论，它包含两个核心组成部分：一个是"生成器"（Generator），另一个是"判别器"（Discriminator）。

想象一下，有两个对手在玩一个高级的"猫鼠游戏"：

生成器就像是一个伪造艺术家，它的任务是创造出一些假的东西（比如假图片），要尽可能地逼真，好到能够欺骗别人认为这是真品。

判别器则扮演鉴定专家的角色，它的职责是分辨出哪些是真品，哪些是生成器制造的假货。

在训练过程中，这两个网络相互对抗、共同进步：

初始阶段，生成器生成的数据可能很容易被判别器识别为假。

但随着时间推移，生成器通过学习，不断提高自己的技艺，生成的数据越来越接近真实数据，使得判别器越来越难以区分真假。

同时，判别器也不甘落后，它也在不断学习进化，变得更精明，能更准确地指出哪些是生成器的作品。

这种相互促进的学习机制，形成了一个动态平衡，最终目标是让生成器能够创造出几乎与真实数据无异的输出。生成对抗网络因其在图像合成、视频生成、风格迁移、数据增强等领域的杰出表现而备受瞩目，是深度学习和无监督学习领域的一项重大创新。

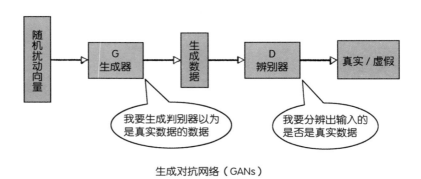

生成对抗网络（GANs）

20 | 人工智能中的"监督学习"和"无监督学习"有什么区别?

　　监督学习和无监督学习都是人工智能中机器学习的两种主要方式,但它们学习的方式和目标有所不同,就像两种不同的学习方法。

监督学习，就像是老师指导下的学习过程。假设你要教会一个孩子识别苹果和橘子，你会给他看很多张图片，并且每张图片都会告诉他这是苹果还是橘子（这就是"标签"）。通过这样的例子，孩子知道了苹果和橘子的特征，以后看到新的水果图片时，就能判断出这是苹果还是橘子。在机器学习中，模型也是这样，通过大量已经标记好的数据（比如图片和对应标签），

师傅领进门
修行在个人

学习到输入（图片）和输出（苹果或橘子）之间的映射关系，从而能够对未知数据做出预测。

无监督学习，则更像是自己探索的学习过程。没有老师告诉你每样东西叫什么名字，你需要自己去发现事物的规律和结构。回到区分苹果和橘子的例子，现在没有告诉你哪个是苹果哪个是橘子，但你可以通过观察一堆水果，发现它们可以分成两组，因为它们长得不一样。无监督学习中的模型，就是通过分析数据内部的相似性和差异性，自动地将数据分组或者发现数据的潜在结构，比如通过聚类算法将相似的水果归为一类，尽管它不知道这些类别具体叫什么名字。

简而言之，监督学习是有正确答案的学习，而无监督学习是在没有明确答案的情况下寻找数据的内在秩序和结构。

21 | 人工智能如何处理图像识别任务？

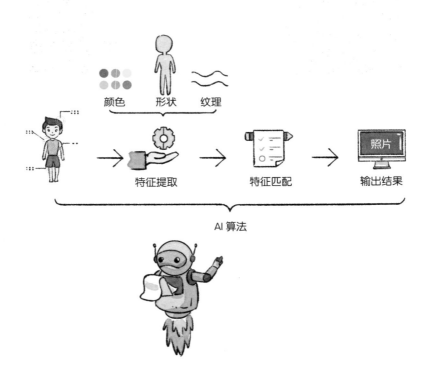

人工智能处理图像识别任务，可以想象成一个小孩学习认物品的过程，但这个"小孩"是电脑程序，它通过特定的方法学会理解和区分不同的图片内容。

下面是这个过程的一个简化版解释：

（1）看图片。首先，电脑接收一张图片，就像我们的眼睛看到东西一样。但这张图片对于电脑来说，只是一堆数字，因为电脑理解的是二进制代码，这些数字代表了图片中每个像素点的颜色信息。

（2）拆分成小块。接下来，程序会把这张大图分解成很多很多小块或者叫像素点集合，就像是把图片放到一个网格上，每个格子都包含了一部分图像信息。这样做的目的是便于管理和分析。

（3）找特征。然后，人工智能会努力在这些小块中寻找和学习"特征"。特征就像是图片中的关键线索，比如边缘、形状、纹理或颜色模式。比如，识别一只猫可能需要找到尖耳朵、胡须、眼睛等特征。

（4）学习与训练。为了让 AI 能准确识别这些特征，人们会先给它看成千上万张已经标记好的图片，并告诉它每张图片是什么。通过这个过程，AI 学会了将特定的特征与对应的物体名称关联起来。这就像老师教学生，不断纠正和指导，直到学生能自己辨认。

（5）建立模型。通过大量学习后，AI 会构建一个复杂的模型，这个模型能够根据图片中的特征来预测或判断图片的内容。这个模型就像是一个高级的"猜谜"工具，它知道看到哪些线索就该猜什么。

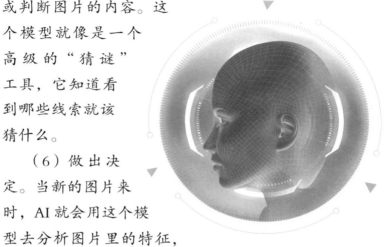

（6）做出决定。当新的图片来时，AI 就会用这个模型去分析图片里的特征，然后根据之前学到的知识做出判断："哦，这是一只猫！"或者"这是一辆汽车。"

（7）反馈与改进。如果 AI 判断错了，人们会给予反馈，帮助它学习和修正错误，下次再遇到类似情况时，就能做得更好。这个过程就像孩子做错题，家长或老师讲解后，孩子学会了正确的方法。

总的来说，人工智能处理图像识别，就是通过大量的学习和实践，学会从像素数据中提取有用的信息，并基于这些信息做出判断，整个过程涉及大量的计算和复杂的算法支持。

22 | 语音识别技术的基本原理是什么？

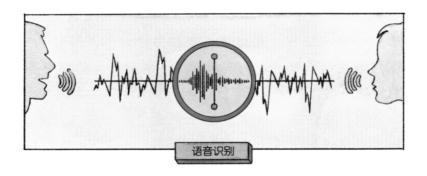

语音识别

　　语音识别技术，简单来说，就是让计算机像人耳一样"听懂"我们说话的过程。它把我们说的话转换成文字，计算机就可以理解并作出反应。这个过程大致分几个步骤：

　　（1）听声音，提取特征。首先，技术会捕捉到你说话的声音，然后从中提取出重要的声音特征，比如音调、音量变化和特定频率的能量分布。这就像从一首歌里挑出最能代表这首歌的旋律片段。

（2）理解声音的"模样"。接下来，这些声音特征会被转换成计算机能理解的数学模型。想象一下，每种声音或单词都有一个独特的"声音指纹"。通过训练，计算机学习认识这些"指纹"。

（3）学习语言规则。计算机还会学习语言的规律，比如哪些词经常一起出现，哪些句子结构是合理的。这就像我们学习语法和常用短语，帮助计算机理解整句话的意思，减少误解。

（4）猜你在说什么。有了声音特征和语言规则，计算机就开始"猜"你具体说了什么。它会比较输入的声音特征和已知的"声音指纹"，找出最匹配的那个，也就是它认为你说的单词或句子。

（5）变成文字。最后，计算机将识别出的单词或句子组合起来，转化成我们可以阅读的文字，显示在屏幕上，或者用来执行某个命令，比如打开音乐或发送信息。

整个过程就像是一个高级的"听写"游戏，计算机不断地学习和提高，尽量准确地理解我们的语音信息。而背后的技术支持，包括深度学习、神经网络等复杂算法，让这个过程越来越智能、快速和准确。

23 | 人工智能的发展趋势有哪些?

　　人工智能的发展趋势呈现出多元化和深入化的特点，以下是几个核心方向：

　　（1）更智能的交互体验。AI 将通过更先进的语音识别、自然语言理解和情感分析技术，提供更加人性化、自然流畅的交互体验，无论是智能家居、客户服务还是个人助理应用。

　　（2）精准预测与决策优化。借助大数据分析和高级机器学习模型，AI 将为企业和个人提供更加精准的市场预测、健康管理、财务规划等决策支持，提升效率和准确性。

（3）自动化与智能化升级。在制造业、物流、农业等多个行业，自动化和智能化技术将深度融合，通过机器人、自动化流程和智能算法，实现生产效率和资源利用的最大化。

（4）多模态融合与理解。AI将不仅仅局限于单一类型的数据处理，而是能够整合文本、图像、声音等多种信息，进行跨模态的理解和决策，比如在智能监控、医疗诊断和虚拟现实中的应用。

（5）安全与信任增强。随着AI应用的广泛，数据安全、隐私保护和算法透明度成为重要议题，未来趋势将包括开发更加安全可信的AI系统，确保用户数据和操作的安全性。

（6）深度学习与强化学习的融合。这两种学习方法的结合将促进AI系统的自主学习能力和适应复杂环境的决策能力，尤其是在动态环境中的应用，如自动驾驶汽车和游戏AI。

（7）量子计算与AI的交汇。虽然量子计算还处于初级阶段，但其潜在的计算能力对AI意味着巨大的加速可能，尤其是在优化问题、模式识别和加密等领域。

（8）伦理与责任。随着 AI 影响的扩大，制定伦理准则、确保算法公正性、避免偏见和不平等成为行业和社会关注的焦点，推动 AI 向负责任和可持续的方向发展。

（9）定制化与个性化服务。AI 将继续深化个性化服务，如教育、医疗、零售等领域，通过分析用户行为和偏好，提供定制化内容和体验。

（10）跨界融合与创新。AI 将与 5G、物联网、区块链等新兴技术融合，推动新业务模式、新产品和服务的创新，加速数字化转型的步伐。

这些趋势共同勾勒出一个更加智能、高效且普及的 AI 未来，同时也伴随着对技术伦理、法律规范和社会影响的深刻考量。

深度学习与强化学习的融合

自动化与智能化升级

定制化与个性化服务

量子计算与 AI 的交汇

24 | AI 在医疗领域的应用有哪些？

人工智能在医疗领域就像一个超级聪明的助手，它能帮助医生更快速、更准确地做很多事情。下面是一些简单易懂的应用实例：

（1）看病拍片子（医学影像分析）。就像有个超级眼睛，AI 能帮医生查看 X 光片、CT 扫描或 MRI 图像，发现哪怕是很小的异常，比如早期的肿瘤或骨骼问题，让诊断更及时。

（2）智能诊断助手。想象一下，你告诉 AI 你的症状，它就能根据大量病例和医学知识，给出可能的疾病建议，帮助医生更快确定病因。

（3）个性化治疗方案。AI 可以根据每位病人的具体情况，比如基因信息、过往病史等，设计出最适合他们的治疗计划，就像是量身定做的医疗方案。

（4）手术辅助。在一些精密手术中，AI 可以通过机器人或者精准导航系统，帮助医生更精确地操作，减少风险。

（5）健康管理监测。AI 可以持续跟踪你的健康数据，比如心率、血压等，一旦发现异常，立刻提醒，就像是贴身的健康卫士。

（6）药物研发加速。通过分析海量的化学和生物数据，AI 能帮助科学家更快找到新药，或者发现现有药物的新用途，加速药物上市，救治更多病人。

（7）智能导诊和预约。在去医院之前，你可以通过 AI 系统描述病情，它会引导你去正确的科室，甚至帮你预约专家，省去了不少排队等待的时间。

这些应用不仅提高了医疗服务的效率，也让患者得到了更好的照护。

25 | AI 如何影响教育？

人工智能在教育领域的应用就像是一位超级助教，它以多种方式悄悄地改变着我们学习和教学的方式：

（1）个性化学习计划。就像私人教练一样，AI 能根据每个学生的学习速度、强项和弱点，定制专属的学习内容和练习，让每个孩子都能以最适合自己的节奏进步。

（2）智能辅导。AI 可以即时解答学生的问题，无论是数学题还是语言学习，它都能提供详尽的解释和例题，就像随时待命的家庭教师。

（3）自动化批改作业。老师们不必再熬夜批改试卷，AI 能迅速检查学生的作业和考试，给出分数和反馈，这样老师就有更多时间关注学生的个人成长和难题解答。

（4）学习效果评估。通过分析学生的学习数据，AI能帮助老师和家长了解孩子的学习进展，及时发现并解决学习障碍，像是定期的健康检查。

（5）教育资源的智能推荐。就像音乐软件知道你喜欢什么歌一样，AI也能根据学生的学习偏好和进度，推荐适合的学习材料和课程，让学习变得更有趣、更高效。

（6）语言和技能实践。在语言学习中，AI可以模拟真实对话场景，帮助学生练习口语和听力，甚至纠正发音，让学习语言像和外国朋友聊天一样自然。

（7）增强现实和虚拟实验室。AI技术结合AR/VR，让学生可以在虚拟环境中做实验、解剖动物或探索宇宙，安全又直观，极大地丰富了学习体验。

（8）教育管理与规划。学校可以利用AI优化课程安排、资源配置和学生管理，使得教育机构运行更加顺畅，资源分配更加合理。

总之，人工智能让教育变得更加灵活、高效和个性化，它不仅是教师的得力助手，也为学生打开了通往知识的新大门，让学习变得更加有趣和有成效。

26 | AI 在金融行业的应用有哪些？

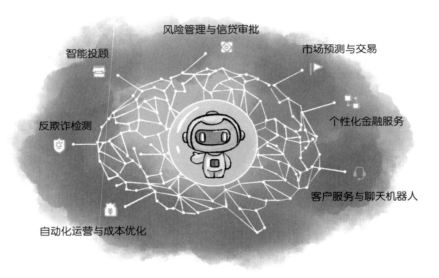

人工智能在金融行业扮演着越来越重要的角色，它可以帮助银行、投资公司和金融机构更好地管理风险、提升服务效率，并为客户创造价值。下面是一些主要的应用领域：

（1）风险管理与信贷审批。AI 可以通过分析大量历史数据，快速判断借款人的信用状况，预测贷款违约的可能性，从而帮助银行更精准地进行信贷审批，减少坏账风险。

（2）智能投顾。就像你的私人理财顾问，AI可以根据个人投资者的风险偏好、财务状况和投资目标，自动为其配置资产、提供投资建议，让理财变得更加个性化和便捷。

（3）市场预测与交易。在股市、外汇等金融市场，AI能够分析海量数据，包括新闻、社交媒体情绪、经济指标等，预测市场走势，帮助交易员做出更快更准确的交易决策，甚至直接执行高频交易策略。

（4）反欺诈检测。AI能够识别异常交易模式，及时发现并阻止诈骗活动，保护用户资金安全，它能在毫秒间分析数百万笔交易，找出那些看起来可疑的交易行为。

（5）客户服务与聊天机器人。许多银行和金融机构都引入了AI客服，24小时在线回答客户问题、处理投诉和提供服务，大大提升了工作效率和客户满意度。

（6）个性化金融服务。通过分析客户的消费习惯、收入水平等信息，AI能为客户提供个性化的金融产品推荐，比如信用卡、保险产品等，让服务更加贴心和符合需求。

（7）自动化运营与成本优化。在后台操作中，AI可以自动化处理繁琐的文档审核、账目核对等工作，减少人工错误，提高运营效率，降低运营成本。

总的来说，人工智能在金融领域的应用让金融服务更智能、更高效、更安全，同时也为用户带来了更加个性化和便捷的体验。

27 | AI 在环境保护方面的应用有哪些？

人工智能在环境保护方面发挥了重要作用，下面简单介绍几个应用实例：

（1）智能监测污染。想象一下，AI 像超级侦探一样，通过安装在卫星、无人机或者地面传感器上的"眼睛"，实时监测空气、水质和土壤的污染情况。它能快速发现污染源，比如工厂排放、河流污染，帮助环保部门及时采取措施。

（2）垃圾分类与回收。AI 能学习如何识别不同类型的垃圾，比如用摄像头看一眼，就知道这是塑料瓶还是旧报纸。这样，垃圾分类就变得又快又准，提高了回收效率，减少了环境污染。

（3）生态保护预测。AI 分析大量历史数据，比如气候模式、野生动植物分布等，来预测哪些区域的生态系统可能受到威胁，比如森林火灾风险高的地区。这样，人们就能提前采取措施保护这些脆弱的生态环境。

（4）节能减排优化。在工厂、建筑甚至城市层面，AI 通过优化能源使用，比如智能调控供暖、照明系统，能使其自动调整到最节能的状态，帮助减少碳排放，对抗气候变化。

（5）野生动物保护。AI能帮助保护濒危物种，比如通过图像识别技术监控野生动物的数量和活动，防止非法狩猎，同时也能追踪动物迁徙路径，为它们的保护提供科学依据。

通过这些应用，人工智能不仅提高了环境保护的效率和精确度，还促进了可持续发展的实践，让我们的地球家园更加美好。

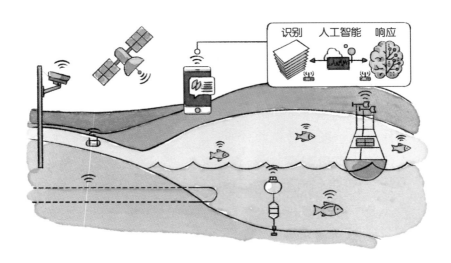

28 | AI 在社会保障领域的应用案例有哪些？

　　人工智能在社会保障领域的应用案例非常丰富，以下是几个典型的应用场景：

　　（1）智慧社保 APP。如青海人社通 APP，它利用 AI 技术提供个性化的社保信息查询服务，包括个人参保信息、社保账户余额、缴费记录查询等，同时支持社保卡挂失、在线业务办理等功能，大大提高了服务效率和民众的便利性。

（2）智能客服与咨询。通过语音识别、自然语言处理技术，人工智能客服能够解答参保人员关于社保政策、待遇领取、手续办理等方面的疑问，提供24小时不间断服务，减少了人工客服的压力，提升了服务质量。

（3）医疗费用审核与报销。AI技术能够自动审核医疗报销申请，通过分析医疗记录、处方信息及费用明细，快速识别欺诈行为，同时自动完成合规性检查和费用结算，加快了报销流程，保证了医疗保障基金的安全。

（4）养老金管理与预测。利用大数据和机器学习模型，分析个人的社保缴纳历史、年龄、健康状况等因素，为个人提供养老金领取额度的预测，同时帮助政府部门更精确地预测和管理养老金基金的长期供需平衡。

（5）就业服务与职业培训。人工智能系统能够根据市场需求、个人技能和职业偏好，智能匹配就业机会，同时提供个性化的职业技能培训推荐，提升劳动力市场的效率和就业质量。

（6）健康管理与预防。结合穿戴设备收集的健康数据，AI能够进行疾病风险评估、早期预警，为参保人员提供个性化的健康管理方案，预防疾病发生，降低社保支付压力。

（7）智能防欺诈系统。应用机器学习算法，识别和预防社保领域的欺诈行为，包括虚假报销、冒领养老金等，保护社保基金安全。

（8）数据分析与政策制定。通过大数据分析，政府能够更好地掌握社会保障需求的趋势，优化资源配置，制定更加精准有效的社会保障政策。

这些应用案例显示了人工智能在提升社会保障服务效率、增强监管能力、优化资源配置等方面的巨大潜力，为构建更加公平、高效、透明的社会保障体系提供了技术支持。

29 自动驾驶汽车如何使用 AI？

　　自动驾驶汽车就像是有一个司机坐在驾驶座上，但它其实是用人工智能技术来开车的。这个过程可以简化为以下几个关键步骤：

　　（1）环境感知。自动驾驶汽车周围装满了各种传感器，比如摄像头、激光雷达等。这些传感器就像是汽车的眼睛和耳朵，不断收集周围环境的信息，比如其他车辆的位置、行人的存在、道路标志和交通信号灯的状态。

　　（2）数据处理。收集到的海量数据被送入车内的超级计算机。这里，人工智能的"大脑"——深度学习算法就开始工作了，它能理解和分析这些数据，识别出不同的物体是什么，并判断它们的距离、速度和方向。

（3）地图与定位。自动驾驶汽车还需要知道自己在哪儿，以及将要去哪儿。它利用高清地图和定位技术，比如北斗和视觉定位，来精确地确定自身位置，并规划最优行车路线。

（4）决策制定。基于对周围环境的理解和自身位置的确认，AI系统会做出驾驶决策。比如，如果前方有慢车，它会决定是否变道超车；遇到红灯，它就会自动停车。这就像一个经验丰富的司机在瞬间做出的判断。

（5）控制执行。最后，AI系统将这些决策转化为具体的驾驶操作，比如控制方向盘转向、油门和刹车的力度，以及换挡等，从而安全地操控汽车行驶。

（6）学习与适应。重要的是，这个AI系统还能不断学习和进步。通过实际驾驶中遇到的各种情况，它会积累经验，优化算法，使得下次面对相似情况时表现得更好、更安全。

所以，自动驾驶汽车就是依靠这些高科技的"感官""大脑"和"肌肉"协同工作，实现自主驾驶的。这整个过程都需要非常先进的AI技术来保证安全和高效。

30 | AI 与物联网的融合如何改变生活？

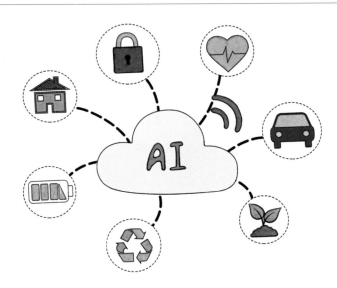

　　人工智能与物联网（Internet of Things，简称 IoT）的融合正在深刻地改变着我们的生活方式，这种结合不仅提升了生活的便利性，还促进了资源的高效利用和环境的可持续发展。以下是一些具体方面：

　　（1）智能家居。AI 与 IoT 技术使家居设备更加智能，如根据居住习惯自动调节室内温度的智能恒温器，根据环境光线和人的活动自动开关的智能照明系统，响应语音指令播放音乐或提供信息查询的智能音箱，管理食物库存并提醒补充，甚至可以通过分析饮食习惯提出健康建议的智能冰箱。

（2）智能安防。融合 AI 的物联网安防系统能够自动识别异常行为。比如人脸识别门禁系统，不仅能确认家庭成员身份，还能识别并警告陌生人入侵。智能摄像头通过视频分析技术，能在家中无人时自动监控并报告潜在的安全威胁。

（3）智能健康监护。穿戴式设备结合 AI 分析，能够持续监测用户的生命体征，如心率、血压、睡眠质量，及时发现健康问题并提供预警。智能医疗系统能远程监控慢性病患者状态，协助医生做出及时干预。

（4）智慧交通。自动驾驶汽车依赖于 AI 和 IoT 的融合，通过实时数据交换与处理，车辆能够自动导航、避免碰撞，优化路线选择，减少交通拥堵。智能交通管理系统利用传感器和 AI 算法，动态调整红绿灯时序，提高道路通行效率。

（5）智慧能源管理。智能家居能源管理系统能够根据家庭用电习惯和外部天气条件，自动调整家电用电计划，如在电价较低时启动洗衣机或电动汽车充电，从而节省电费开支并优化电网负荷。

（6）智慧农业。AI 与 IoT 技术在农业中的应用，如智能灌溉系统根据土壤湿度和天气预报自动调节灌溉量，无人机搭载 AI 视觉识别技术监测农作物生长状况，预测病虫害并精准施药，提高农作物产量和品质。

（7）城市管理与公共服务。智慧城市利用 AI 和 IoT 技术监测空气质量、水质、交通流量等，实现资源的智能调度和危机快速响应。比如智能垃圾分类与回收系统，以及基于数据分析的公共服务优化。

这些融合应用不仅极大提升了生活的便捷性和舒适度，还促进了资源的合理配置和环境保护，为构建更加智能、绿色、可持续的未来社会奠定了基础。

31 | 人工智能如何提高政务服务的效率和质量？

　　人工智能在提高政务服务的效率和质量方面发挥着至关重要的作用，具体表现在以下几个方面：

　　（1）自动化处理与快速响应。AI能够自动化处理大量重复性、标准化的工作，比如文档审核、信息录入、资格预审等，显著加快了业务处理速度，减少了人为错误，使得政府工作人员能够集中精力处理更复杂、需要人性化判断的工作。

（2）智能客服与咨询服务。通过聊天机器人和语音识别技术，AI 提供了 24 小时不间断的在线客服服务，能够即时解答公众关于政策、手续、表格填写等问题，提高了服务的可达性和满意度。特别是对于老年人、残疾人等特殊群体，AI 辅助的人性化设计让政务服务更加便捷、亲和。

（3）个性化服务推荐。基于大数据分析，AI 能够根据用户的过往行为、偏好和需求，智能推荐个性化的政务服务，简化民众获取服务的流程，提升用户体验。

（4）智能决策支持。AI 能够处理和分析海量数据，为政府决策提供科学依据。例如，通过预测分析，可以提前识别可能的服务瓶颈或公众需求趋势，使政府能够前瞻性地调整政策和服务供给。

（5）防欺诈与风险管理。AI 的模式识别和异常检测能力可以有效识别潜在的欺诈行为和风险点，加强了政务服务的安全性和可靠性，减少了公共资源的浪费。

（6）"一件事一次办"改革。AI 技术促进了跨部门数据共享和业务协同，实现了复杂事项的"一窗受理、集成服务"，简化了群众和企业的办事流程，从"多头跑"

转变为"最多跑一次",极大地提高了效率。

（7）资源优化配置。在智慧城市建设中，AI 帮助优化资源配置，比如智能交通系统减少拥堵，智能能源管理系统节约能源，这些都间接提升了政务服务的整体效能。

（8）政务公开与透明度。通过 AI 技术，政府可以更有效地管理和发布信息，提高政务透明度，增强公众参与感和信任度。

人工智能通过提升服务效率、增强用户体验、优化决策过程、强化安全监管等，全面推动了政务服务的现代化和智能化，使得政府能够更高效、更贴近民需的提供服务。

32 | 人工智能面临的伦理和挑战有哪些?

　　人工智能在带来便利的同时,也伴随着一系列伦理挑战和问题,让我们用简单易懂的方式看看其中的几个关键点:

　　(1)数据隐私。AI需要大量数据来学习,就像小朋友通过故事书学习新知识。但这些数据中可能包含个人的信息,比如你的购物记录、位置信息,就可能侵犯你的隐私,就像有人偷看了你的日记。

　　(2)偏见和歧视。AI学习时,如果训练数据里有偏见,它也会学得有偏见。比如,如果数据里总是显示某个职业多由某一性别的人担任,AI可能会错误地认为这种职业不适合另一性别的人,这就造成了不公平。

　　(3)责任归属。如果AI做了坏事,比如自动驾驶汽车发生事故,我们该怪谁呢?是编程的人、制造商,还是使用者?这个问题现在还没有明确的答案。

（4）透明度和可解释性。AI做决定的过程往往是复杂的，有时候连设计它的工程师也不完全明白为什么会做出某个决定。这就像一个神秘盒子，我们知道输入和输出，但中间的过程是个谜，这对监管和信任是个挑战。

（5）就业影响。AI能高效完成许多工作，可能会替代一些人的岗位，就像机器取代了流水线上的工人，这引发了对未来就业和经济结构变化的担忧。

（6）武器化与安全。AI技术被用于军事目的，比如无人机作战，可能会增加战争的风险和复杂度，同时，AI系统的安全也是个大问题，防止黑客攻击变得尤为重要。

（7）可持续性与环境影响。AI运行需要大量能源，尤其是当它规模庞大时，这可能会加剧能源消耗和碳排放，对环境造成压力。

面对这些挑战，科学家、政策制定者和社会各界都在努力寻找解决方案，确保AI能健康发展，为人类带来更多积极的影响。

33 | 如何确保人工智能的公平性和无偏见？

　　确保人工智能的公平性和无偏见，就像是教给 AI 一套公正无私的行为准则，让它在做决策时能够一视同仁，不因种族、性别、年龄等因素而有所偏颇。以下是几个关键步骤：

　　（1）多元化数据集。AI 学习的材料——数据，必须尽可能全面和多样。这意味着收集数据时要包括不同背景、特征的人群，避免某些群体被过度代表或忽视。好比做饭，食材越多样，做出的菜肴就越平衡，味道越好。

　　（2）审查与去偏。在数据使用前，要仔细检查数据中是否存在偏见，比如统计偏差。发现偏见后，需要通过技术手段去除或纠正这些偏见。就像从面粉里挑出小石子，保证面点的质量。

　　（3）透明度和可解释性。让 AI 的决策过程更透明，能够解释为什么做出某个决策。这就像老师批改作业时，不仅给分数，还要说明理由。这样，人们可以检查 AI 的逻辑，确保它没有基于错误或偏见的因素做决定。

（4）设计时考虑伦理原则。在开发 AI 系统之初，就要将公平、无歧视的原则融入设计之中。就像在盖房子前就考虑到通风采光一样，确保基础牢固。

（5）持续监测与评估。即使 AI 系统上线运行，也要定期检查其决策结果，看是否有偏见出现。这就像定期体检，发现问题及时调整，确保健康运行。

（6）多元化团队。构建 AI 系统的团队应具有多样性，来自不同背景的专家能从多角度审视问题，更容易发现并纠正潜在的偏见。就像拼图，不同形状和颜色的拼块组合在一起，才能拼出完整的图案。

（7）法律法规与标准。制定并遵守关于 AI 公平性的法律法规和行业标准，为 AI 的开发和应用设定明确的规则和底线。就像交通规则保障行车安全一样，确保 AI 在正确的轨道上运行。

通过这些措施，我们能朝着创建更加公平、无偏见的 AI 系统努力，让它更好地服务于社会，以及社会上的每一个成员。

34 | AI 如何促进全球化进程？

　　人工智能作为一项前沿技术，正以多种方式加速全球化进程，其促进作用主要体现在以下几个方面：

　　（1）增强全球连通性。AI 技术通过优化网络和通信基础设施，如智能路由和语言翻译服务，极大地促进了全球信息的即时交流与理解，消除了语言和地域障碍，加强了各国之间的沟通与合作。

（2）优化全球供应链管理。AI通过大数据分析和机器学习预测市场需求、监控库存、优化物流路径，使得跨国企业的供应链管理更为高效灵活，降低了运营成本，促进了全球贸易的流畅运转。

（3）促进全球创新合作。AI技术的开放平台和云服务让全球的研发团队能够共享数据、算法和计算资源，加速了科研成果的转化，促进了跨国界的技术创新合作，形成了全球范围内的知识共享与技术进步。

（4）提升全球服务的个性化与可达性。无论是教育、医疗还是金融服务，AI都能提供更加个性化、高质量的服务，并跨越地理限制触达更广泛的人群，尤其是偏远地区，有助于缩小全球发展差距。

（5）推动全球治理和标准制定。面对AI技术带来的伦理、隐私和安全挑战，国际组织和各国政府正共同努力，制定全球性的指导原则和标准，这有助于建立一个统一的监管框架，促进全球范围内AI的健康发展和应用。

（6）促进文化交流与理解。AI 在文化内容的创建、翻译和传播上发挥着重要作用，比如 AI 生成的内容、智能翻译服务等，使得不同文化背景的人们能够更轻松地相互接触和理解，促进文化的全球交流与融合。

（7）增强全球经济一体化。AI 在金融、制造、零售等多个行业的应用，不仅提升生产效率和创新能力，还可以催生全新的商业模式和服务，为全球经济增长提供新动力，进一步加深各国经济的相互依赖和融合。

综上，人工智能不仅在技术层面加速全球化进程，而且还在经济、社会、文化和政治等多个维度促进全球的紧密联系与合作，为全球化的深入发展提供强大的驱动力。

35 | 人工智能是否会取代人类工作？

　　人工智能确实有潜力改变工作环境，并在一定程度上替代某些类型的人类工作，尤其是那些重复性高、可预测性强、需要较少创造性和情感智力的任务。然而，

并不意味着 AI 会完全取代人类。人类在许多方面拥有独特的优势，比如创造力、复杂决策能力、情感交流与理解等，这些都是当前 AI 技术难以完全复制的。因此，对于需要高度创新、情感互动或复杂策略思考的工作，人类依然不可或缺。

未来的趋势更可能是 AI 与人类协同工作，形成"人机协作"的新模式，各自发挥所长。这种协作可以提高生产力、创造新的工作机会，并要求人类工作者掌握新的技能，比如对 AI 系统的管理和维护、数据分析解读，以及跨领域的创新思维等。

为了应对 AI 对就业市场的潜在影响，教育体系、职业培训和政策制定都需要相应调整，以帮助劳动者适应新的工作环境，培养适应未来市场需求的能力。同时，政府和社会各界也在考虑如何通过立法、政策引导和社会保障措施，确保技术进步的同时，维护社会稳定和公平。

36 | AI 如何影响就业市场？

人工智能对就业市场的影响是多维度的，既包括挑战也蕴含机遇。以下几点概述了这一影响：

（1）岗位替代与调整。随着 AI 技术的不断进步，一些高度重复性、低技能的工作面临被自动化技术取代的风险，例如制造业的装配线作业、简单数据录入、客户服务的初级岗位等。普华永道的研究指出，到 2030 年，美国有 38% 的工作存在被自动化的可能性，而中国则有约 26% 的工作岗位可能被人工智能及相关技术所替代，主要集中在服务业、建筑业、工业和农业等领域。

（2）创造新岗位。虽然 AI 技术会导致某些岗位消失，但它同时也催生了许多新的职业机会，特别是在 AI 研发、维护、数据分析、算法优化、机器学习工程师、AI 伦理顾问、AI 训练师等领域。此外，与 AI 融合的新产业模式，如智能物流、智能制造、智能医疗等，也开辟了广阔的就业空间。

（3）技能转型需求。AI 的发展促使劳动者需要不断提升自己的技能，转向那些机器难以取代的工作，如创新思维、复杂决策制定、人际交往能力、情感劳动等。这要求教育体系和职业培训要适应这一变化，培养更多具备高级分析能力、编程技能以及跨学科知识人才。

（4）工作效率与质量提升。AI能够协助人类完成繁琐任务，提高工作效率和工作质量。在法律、医疗、教育等行业，AI辅助决策支持系统可以帮助专业人士更快做出更准确的判断，释放人力去处理更高价值的工作。

（5）模糊人类与AI界限的合作模式。在很多情况下，AI不会完全取代人类工作，而是与人类形成协同工作模式，即"人机协作"。这种模式下，AI负责处理数据密集型和规律性工作，而人类则专注于创意、策略制定和人文关怀等非标准化任务。

人工智能对就业市场的冲击是结构性的，它要求劳动力市场适应技术变革，重新分配劳动力。同时，也提示社会各界需要共同面对转型挑战，制定相关政策和教育策略，以促进就业市场的健康发展，并确保技术进步惠及所有人。

算力篇

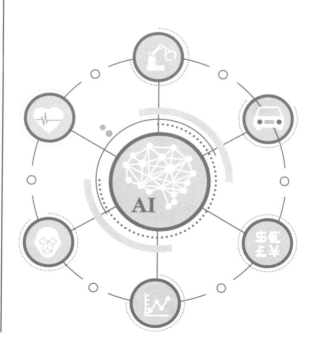

1 | 什么是算力？

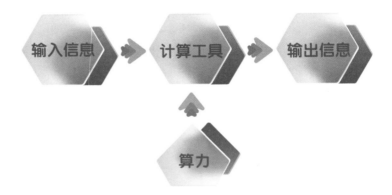

　　算力，简单来说，就是计算机或者一个网络系统每秒钟能完成的计算次数，它是衡量计算能力的一个重要指标。想象一下，如果计算机会做数学题，算力就好比是它每秒钟能解多少道题的能力。

2 | 如何衡量算力？

　　衡量算力通常使用"每秒浮点运算次数"（Floating-point Operations Per Second，简称 FLOPS）作为单位，这里的"浮点运算"是指计算机处理带有小数点的数学运算。常见的单位有：

1. KFLOPS（千次浮点运算／秒）

2. MFLOPS（百万次浮点运算／秒）

3. GFLOPS（十亿次浮点运算／秒）

4. TFLOPS（万亿次浮点运算／秒）

5. PFLOPS（千万亿次浮点运算／秒）

　　举个例子，如果你的电脑算力是 100GFLOPS，就意味着它每秒钟能进行 1000 亿次浮点运算。更强的计算机或者数据中心可能达到 TFLOPS 乃至 PFLOPS 的级别，这意味着它们能以惊人的速度处理复杂的数据和运行大型的科学计算、人工智能模型等任务。

　　总的来说，算力就像是计算机的大脑处理速度，数字越高，说明这个"大脑"思考和解决问题的能力越强，处理复杂任务的速度就越快。

3 | 什么是浮点运算？

　　浮点运算则允许小数点在数字中的位置浮动，这意味着它可以表示非常大或非常小的数，同时保持较高的精度。

　　浮点数通常按照科学记数法表示，包含一个符号位、指数部分和尾数部分，这使得它可以灵活地调整数值的大小和精度。

　　由于这种灵活性，浮点运算广泛应用于科学计算、工程计算、图形处理和许多通用的软件中。

　　但是，浮点运算的硬件实现更为复杂，运算速度相对较慢，且因为存储和运算中涉及的近似处理，可能会引起微小的计算误差。

4 | 什么是定点运算?

　　在定点运算中，小数点的位置是固定的，或者说，我们预先确定了数的小数部分和整数部分的位数，而且这个位置在整个运算过程中保持不变。这意味着所有的数都被表示为整数或者是小数点固定位置的小数。

　　这种方式的优点是运算速度快，硬件实现相对简单，适用于那些不需要高精度或者范围特别大的数值运算场景，比如在嵌入式系统、数字信号处理（DSP）等领域。

　　缺点是表示的数值范围受限，且在涉及小数运算时可能会因为位数固定而损失精度，容易发生溢出错误。

5 | 定点运算和浮点运算有什么区别？

（1）精度与范围。定点运算的精度和范围有限，更适合特定范围内的快速计算；浮点运算能

表示的数的范围更广，精度也更高，适合处理各种规模的数值。

（2）硬件复杂度。定点运算的硬件实现较为简单；而浮点运算需要更复杂的硬件支持。

（3）运算速度与成本。定点运算通常比浮点运算快，成本较低，但在处理需要高精度或宽动态范围的计算时不如浮点运算灵活。

（4）应用领域。定点运算常用于对速度要求高、精度要求相对不那么严格的场合，如嵌入式系统和实时控制；浮点运算则在需要高精度科学计算、工程应用及大多数通用计算机软件中更为常见。

6 | 什么是CPU？

CPU（Central Processing Unit），中央处理器。

CPU 是计算机的大脑，负责执行操作系统指令和管理计算机的各种操作。它的设计是为灵活处理各种不同类型的任务，包括计算、逻辑控制和数据搬运等。虽然 CPU 的计算能力强大，但在执行高度并行的计算任务时可能不如专为这类任务设计的处理器高效。

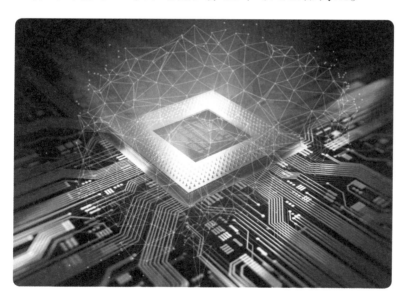

7 | 什么是GPU？

GPU（Graphics Processing Unit），图形处理器。

GPU最初为处理图形和视频渲染而设计，擅长执行大量的并行计算任务。

近年来，由于其并行处理能力，GPU也被广泛应用于机器学习、深度学习和其他高性能计算领域，大大加速了大规模数据集的处理速度。简单来说，GPU不像我们一般用的电脑芯片（CPU）那样一次只做好一件事，GPU可以同时处理很多很多简单的小任务，这就叫作"并行处理"。想象一下，CPU像是一个画家，一笔一画慢慢画，而GPU则像是一群画家同时工作，每人负责一小块，很快就能完成一幅大画作。

8 | GPU 为什么在 AI 领域 如此重要?

　　GPU 在人工智能领域之所以至关重要，主要归因于以下几个关键特性：

　　（1）强大的并行处理能力。GPU 设计之初是为了加速图形处理，能够同时处理大量的像素和图形数据。这种并行架构非常适合人工智能算法，特别是深度学习中的神经网络，它们涉及大量的矩阵运算和向量运算，这些都可以并行执行。GPU 内部含有数千个核心，相比只有几个到几十个核心的 CPU，能够更高效地执行这些并行计算任务。

　　（2）高计算能效比。在执行大规模并行计算时，GPU 展现出更高的能效比，意味着在相同能量消耗下，GPU 能完成更多的计算工作。这对于需要大量计算资源的人工智能应用而言，是降低成本和能耗的重要因素。

　　（3）大存储带宽。人工智能应用往往伴随着大数据量的处理，GPU 配备了较大的缓存和高速内存接口，能够快速读取和处理这些数据，减少计算过程中的等待时间，提升整体处理速度。

（4）优化的矩阵运算和卷积运算。深度学习的核心在于大量的矩阵乘法和卷积运算，GPU 的硬件设计专门优化了这类运算，能够显著加速神经网络的训练和推理过程。

（5）灵活性与可编程性。虽然 GPU 最初专为图形处理设计，但现代 GPU 通过 CUDA、OpenCL 等编程框架，提供了高度的灵活性和可编程性，使得开发者能够编写代码，充分利用 GPU 的并行计算能力，服务于包括机器学习在内的多种计算密集型任务。

（6）加速技术的发展。GPU 加速技术的进步，如使用分布式多 GPU 系统，能够进一步提升计算性能，使得处理复杂的 AI 模型成为可能，尤其是在实时应用中，如自动驾驶、医疗影像识别、语音识别等这些应用要求极高的计算速度和响应时间。

综上所述，GPU 凭借其并行处理的强大能力、高效率，对深度学习算法的优化支持，成为推动人工智能技术发展的核心驱动力。

9 | 什么是 TPU？

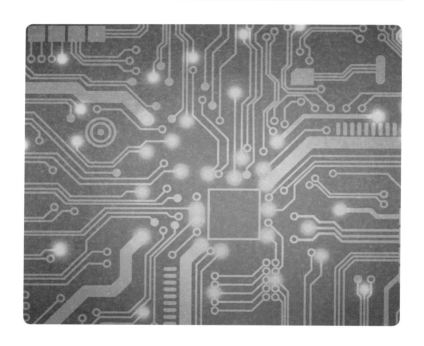

TPU（Tensor Processing Unit），张量处理器。

TPU 是一种专门为机器学习和深度学习优化设计的专用集成电路（ASIC）。TPU 专为处理张量（多维数组，常见于深度学习模型中）运算而生，能在模型训练和推理过程中提供极高的效率和性能。

10 | 什么是DPU？

DPU（Deep Learning Processing Unit / Data Processing Unit），深度学习处理器 / 数据处理器。

DPU既可以指专为深度学习优化的处理器，也可以指侧重于数据处理和加速网络、存储访问的处理器。前者主要处理与深度学习相关的计算任务，后者则更侧重于数据的高速传输和处理。

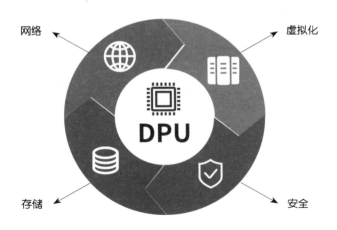

11 | 什么是NPU？

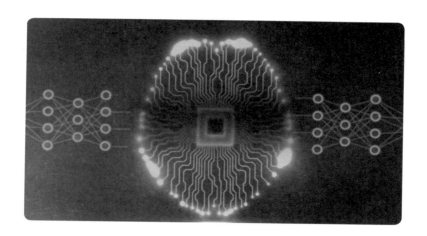

NPU（Neural Network Processing Unit），神经网络处理器。

NPU是一种专为神经网络计算优化的处理器，设计用于加速神经网络的推断和训练。它通过高度并行的架构来高效执行神经网络中的大规模矩阵运算，从而提升AI应用的性能和能效。

12 | 什么是BPU？

BPU（Brain Processing Unit），大脑处理器。

BPU是一个相对较少提及的概念，但通常指的是专为模拟人脑神经网络设计的处理器。这种处理器旨在通过更接近生物神经网络的计算模型来提高处理效率，主要应用于类脑计算和高级人工智能领域。

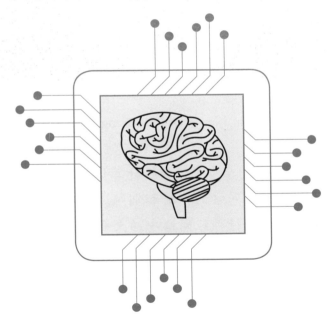

13 | 什么是摩尔定律，它如何影响算力发展？

"芯片上的晶体管数量每隔 24 个月将增加一倍。"
——戈登·摩尔

两层含义：
1. 每平方毫米的成本日渐上升
2. 晶体管数量翻倍 = "微缩"
   · 性能提升
   · 每个晶体管的成本下降

　　摩尔定律是一个关于计算机芯片技术发展的观察预测，由英特尔公司的共同创始人戈登·摩尔在 1965 年提出。这个"定律"以非常简单的方式描述了一个趋势：大约每 18 个月到 24 个月，集成电路上能够容纳的晶体管数量会翻一番，这意味着计算机芯片的性能也会随之大约每两年提升一倍，而成本却会下降。

　　用更通俗的话来说，摩尔定律就像是说，随着时间的推移，我们可以在同样大小的芯片上塞进更多的"小工人"（晶体管），这些"小工人"负责处理计算机

的各种指令和计算。这样一来，计算机不仅变得更加
强大，能做更多的事情，而且由于技术的进步和规模
化生产，它们也变得更加便宜了。

这个规律对算力发展的影响巨大：

（1）性能提升。因为晶体管数量的增加，计算机
的处理速度飞速增长，使得复杂的软件应用、大数据
分析、人工智能等技术成为可能。

（2）成本降低。随着每个晶体管的成本降低，生

每片晶粒上的晶体管数量

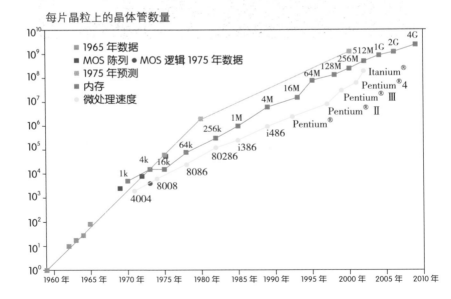

产更强大的计算机变得越来越经济实惠，个人电脑、智能手机等设备得以普及。

（3）技术创新。摩尔定律推动了技术的不断创新，激励企业不断研发新技术以跟上这一发展节奏，比如多核处理器、更高效的制造工艺等。

（4）行业规划。它为整个科技行业提供了一个大致的发展蓝图，帮助企业和研究机构规划未来的产品和技术路线图。

然而，近年来，随着物理限制的逼近，比如芯片上的元件已经接近原子尺度，继续按照摩尔定律的速率提升性能变得越来越难，业界正在探索如量子计算、新材料、新型计算架构等新路径，以延续计算能力的持续增长。

14 | 什么是超越摩尔定律？

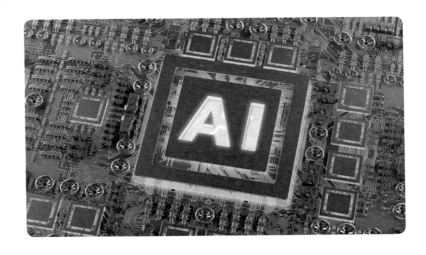

　　超越摩尔定律，简单来说，就是在传统的摩尔定律遇到瓶颈，也就是芯片上不能再无限制地增加更多晶体管的时候，科技人员想出的新办法来继续提升电子产品的性能和功能。这就好比原来我们一直在一个图书馆里不断增加书本（晶体管）来增长知识（计算能力），但图书馆快放不下了。这时，"超越摩尔定律"的思路就是：

（1）三维集成（3D Integration）。不再只在一个平面上堆书，而是开始建多层书架（三维集成），这样同样大小的地面上能放更多书。

（2）异构集成（Heterogeneous Integration）。把不同类型的书籍（功能芯片）放在同一个图书馆里，这样需要什么类型的知识（功能）就快速拿出对应的书（异构集成）。

（3）新材料与新结构。寻找更轻薄、能存储更多信息的特殊材料来制作书籍（新材料与新结构），比如用更先进的纸张或电子墨水。

（4）高级封装技术。改进图书馆的结构和布局，让拿取书籍更高效，同时还能保护书籍（高级封装技术）。

通过这些方法，即使书本（晶体管）数量增长慢下来，我们也能继续提高学习效率，让电子产品变得更加聪明和强大。这就是超越摩尔定律的基本思想。

15 | 算力的分类?

算力包括通用算力、智能算力和超级算力三种类型。

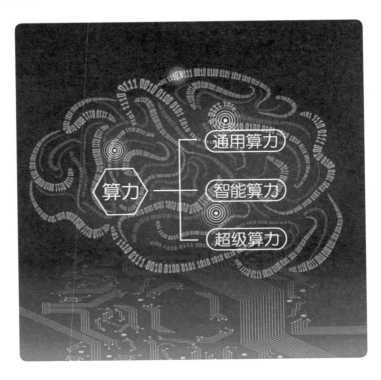

16 | 什么是通用算力?

通用算力，就像是一个全能型的运动员，能在各种比赛中展现出一定的实力。在计算机的世界里，这意味着它有处理各种不同类型任务的能力，不管是处理数字运算、文本分析、图像识别还是语音理解等，都能够胜任。就像你家里的电脑，既可以用来写文档、上网浏览，又能看视频、玩游戏，这种多样化的处理能力就是通用算力的体现。通常，我们说的 CPU（中央处理器）和 GPU（图形处理器）就是提供通用算力的典型硬件。它们不专为某一项任务设

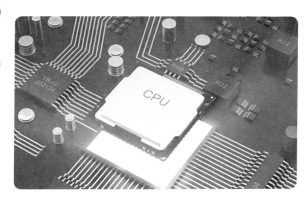

计，而是能够适应广泛的应用场景，灵活性很高。

17 | 什么是智能算力？

智能算力，可以理解为特别擅长处理复杂、智能任务的计算能力，就像是一个超级聪明的大脑，专门用于解决需要学习、推理和自我优化的问题。它不仅仅执行预设的指令，还能通过人工智能算法，比如机器学习和深度学习，从大量数据中自动发现规律，不断进步和适应新情况。

举个例子，智能算力可以让智能手机的语音助手越来越能理解你的自然语言指令，甚至预测你的需求，或者帮助自动驾驶汽车识别路上的复杂情况，做出安全驾驶决策。这种算力往往依赖于专门的硬件加速器，如 AI 芯片，以及高度优化的软件算法，它们共同协作，使得机器能够"思考"和"学习"，从而实现更加智能化的功能和服务。

18 | 什么是超级算力?

　　超级算力，听起来就像是超级英雄的力量，实际上是指那些拥有极其强大计算能力的系统，它们能够在极短的时间内处理普通计算机难以应对的超大规模和高复杂度的计算任务。就像是给大脑装上了涡轮增

压，让它能飞快地解决世界上最复杂的问题。

比如，天气预报中的精准模拟、新药物的研发、宇宙起源的探索，甚至是模拟核爆炸实验，这些都需要超级算力的支持。超级计算机，就是超级算力的实体代表，它们通常由成千上万个处理器组成，这些处理器紧密协作，共同分担计算任务，实现前所未有的计算速度和能力。

简单来说，超级算力就是把众多计算资源集中起来，形成一个计算能力超强的"巨无霸"，专门解决那些对计算能力要求极高、挑战性极大的科学和工程问题。

19 | 什么是算力集群?

　　算力集群,你可以想象它是一个由很多台电脑或者服务器组成的超级团队。这些电脑们手拉手通过一条特别快的网络通道紧密合作,一起解决那些单个电脑难以应付的超级难题或者特别大的计算任务。这样的集群特别适合做那些需要大量计算的事情,比如研究宇宙的奥秘、预测天气、教机器人学习新技能(人工智能训练)等。

　　专业点说,算力集群是一种高性能计算架构,它通过网络连接多台计算机(称为节点),共同协作完成计算密集型任务。这些节点通常包括计算节点、存储节点以及管理节点等,它们各自承担特定的角色,并通过高速网络通信协议互连,实现资源共享和任务分配。算力集群的目标是提供远超单台计算机的处理能力和数据吞吐量,支持大规模的数据分析、科学计算、机器学习和深度学习等应用场景。

20 | 算力集群的核心组件有哪些？

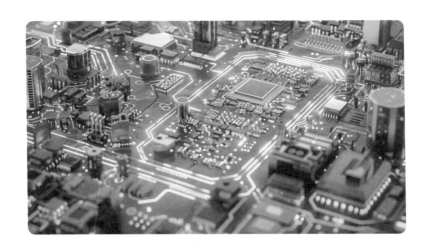

　　算力集群就像是一个超级团队，里面有几个非常重要的成员，它们协同工作，让这个团队变得超级强大。这些核心成员包括：

　　（1）许多台超级电脑（计算节点）。这些电脑比我们日常用的厉害得多，有的擅长数学计算（CPU），有的擅长图形处理（GPU），它们是解决复杂问题的主力军。

　　（2）大仓库（存储系统）。用来存放海量数据的地方，就像一个超级大的图书馆，需要的时候可以迅速找到数据并拿出来用。

（3）高速网络。想象成一群快递小哥，他们跑得飞快，负责在这些超级电脑之间传递信息和数据，确保大家沟通无障碍，速度超快。

（4）指挥中心（资源管理组件）。它负责安排谁该干什么活儿，确保每台电脑都忙而不乱，资源分配合理，谁累了就休息，谁空闲就多干点。

（5）消息传递系统。就像团队内部的对讲机，让每个小组能及时告诉其他小组自己完成了什么，需要什么帮助，保持信息同步。

（6）操作系统和工具箱。给每台电脑安装的系统，以及一整套工具，保证电脑们能顺畅地运行各种复杂的软件和程序。

（7）专业工具包（软件框架和库）。针对不同的任务，比如图像识别、数据分析，有一套专门的工具和方法，让电脑们能更高效地完成工作。

这些组件合在一起，形成了一个强大的团队，能高效处理那些单一电脑根本搞不定的大任务，比如教机器学习新知识、分析天文数据等。

21 | 算力集群如何提高计算效率？

　　算力集群就像是一个超级工厂，里面有很多工人（计算节点），他们各自有专长，能够同时处理不同的任务。这些工人通过超快的传送带（高速网络）相互传递材料（数据）。工厂里还有个聪明的经理（资源管理系统），他会根据每个工人的能力和当前任务的紧急程度，灵活安排工作，确保所有人都忙碌而有序，不会有人闲着也没人累坏。这样一来，原本需要一个人慢慢做的大工程，现在分给很多工人同时做，自然就快多了。

　　专业点说，算力集群通过并行计算和分布式处理技术显著提高计算效率。它整合多台高性能计算节点，每节点配备强大的处理单元（如 CPU、GPU），并通过高带宽低延迟的网络互联，实现数据的快速传输。资源管理软件优化任务调度，依据各节点的负载情况动态分配计算资源，确保计算任务在集群中的高效执行。同时，使用先进的通信协议和算法减少节点间通信开销，以及通过数据局部性优化、缓存策略等技术，进一步提升数据处理速度。综上，算力集群通过规模化、高效管理和技术优化，达到计算效率的显著提升。

22 | 算力在哪些领域中尤为重要？

算力在现代社会中几乎无处不在，尤其在以下几个关键领域里显得尤为重要：

（1）人工智能与机器学习。就像聪明的大脑需要快速思考，AI系统和机器学习模型在训练和运行时需要大量算力来处理复杂的数据和算法，比如让聊天机器人更流畅地对话、自动驾驶汽车能瞬间做出决策。

（2）云计算与大数据处理。想象一下处理整个互联网的数据，云服务商需要强大的算力来存储、管

理和分析这些海量数据，帮助企业或个人快速提取有价值的信息，比如优化物流、预测市场趋势。

（3）科学研究。从宇宙探索到新药研发，科学家依靠强大算力模拟实验、解析数据，这比传统实验更快更经济，比如模拟气候模型预测未来气候变化。

（4）金融交易。在分秒必争的金融市场，高速算力帮助自动交易系统捕捉市场微小变动，执行交易策略，确保交易快速且准确。

（5）娱乐产业。电影特效、游戏开发，特别是虚拟现实（VR）、增强现实（AR）体验，都需要强大算力来渲染

逼真的画面和流畅的互动，让用户体验身临其境的感觉。

（6）医疗健康。在基因测序、疾病诊断、药物设计等方面，算力加速了精准医疗的发展，帮助医生更快速准确地判断病情，制定个性化治疗方案。

（7）物联网。随着智能家居、智慧城市等概念的普及，无数设备相连，产生海量数据，算力支撑着这些数据的实时处理和分析，让生活更加智能便捷。

总的来说，算力是现代科技和社会发展的核心驱动力之一，它让复杂的问题有了迅速解决的可能，也不断推动着新技术和服务的创新。

23 | 算力和数据中心有什么关系?

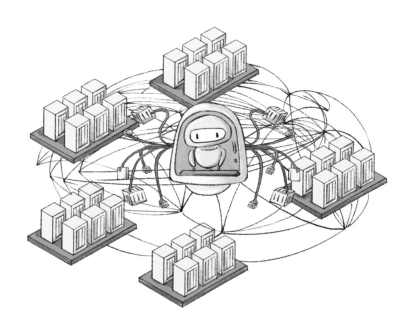

　　算力，就像是工厂里的生产线，负责处理和转化信息。而数据中心，则是这些生产线的集中地，就像是一个巨大的现代化工厂园区。在这个园区里，一排排的服务器机架整齐排列着，每个机架上都装满了计算机服务器，这些服务器就是算力的具体体现。

数据中心的作用是集中管理大量的计算资源，包括算力、存储空间和网络连接。它们确保了互联网服务、企业应用、云存储等可以高效、稳定地运行。具体来说，算力与数据中心的关系体现在以下几个方面：

（1）提供基础设施。数据中心为算力提供了必要的物理环境，包括稳定的电力供应、恒温恒湿的环境控制、高效的散热系统等，这些都是保证计算机硬件正常运作的基础。

（2）集中算力。通过大规模部署服务器，数据中心能够汇集极其庞大的算力资源，支持云计算服务，让用户无论身处何地，都能通过网络快速访问和使用这些算力，就像水龙头一样随需取用。

（3）优化效率。数据中心通过虚拟化技术、负载均衡、自动化管理等手段，优化算力分配，确保每个计算任务都能高效、合理地使用算力资源，避免浪费。

（4）数据安全与备份。除了提供算力，数据中心还负责数据的安全存储和备份，确保信息不会丢失或被非法访问，这对于依赖大数据分析和处理的算力应用至关重要。

（5）可持续发展。随着环保要求的提高，数据中心也在探索使用可再生能源、实施节能减排措施，以维持算力的持续、绿色发展。

所以，简单来说，数据中心是算力的家，它不仅为算力提供了生存和工作的环境，还通过高度组织和优化，使得算力能够更好地服务于社会的各个领域，推动数字化时代的进步。

24 | 算力的应用领域有哪些？

算力的应用领域广泛而深入，几乎触及现代社会的每一个角落。以下是一些主要的应用领域：

（1）科学研究。在天文学、物理学、生物学等领域，算力被用于处理大规模数据集、模拟自然现象、解析基因组、预测天气变化等，加速科学发现。

（2）互联网企业。搜索引擎、社交网络、电商平台等依赖强大的算力处理用户数据、优化推荐算法、提供实时数据分析和个性化服务。

（3）电信企业。用于网络优化、大数据分析、客户服务智能化以及5G及后续技术的高效运维。

智能客服

（4）金融企业。风险评估、市场预测、高频交易、反欺诈系统等均需要强大的计算能力来处理和分析金融数据。

算力就是生产力！

算力成本

（5）制造业。在智能制造、产品设计、供应链管理等方面，算力用于模拟仿真、工艺优化、质量控制等，提升生产效率和产品质量。

（6）人工智能与深度学习。模型训练、图像识别、语音处理、自然语言理解、自动驾驶等 AI 应用，极度依赖算力资源。

（7）边缘计算与物联网。在智能家居、智慧城市、工业物联网等场景中，算力分布到网络边缘，实现数据的即时处理和决策。

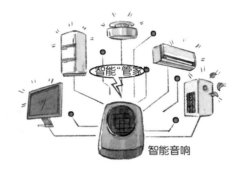

（8）云服务与数据中心。为各种企业和个人应用提供弹性、可扩展的计算能力，支持云存储、云计算、云游戏、云办公等服务。

（9）娱乐与媒体。如 VR/AR 内容制作、高清视频渲染、新媒体直播等，高质量的用户体验背后是强大的算力支持。

（10）社会服务与治理。在智慧交通、智慧医疗、公共安全、数字政务等领域，算力用于数据分析、决策支持、服务优化。

（11）教育与科研。在线教育平台的流畅运行、科研计算、大规模在线课程等，均需依托算力资源。

（12）游戏开发。特别是图形密集型和大型在线游戏，需要高性能 GPU 算力来支持游戏引擎、画面渲染、物理模拟等。

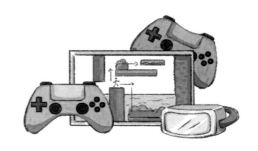

随着技术的进步和社会需求的增长，算力的应用领域还在不断拓展，成为推动数字化转型和创新发展的核心驱动力。

25 | 算力在天气预报中的应用及其意义是什么？

　　算力在天气预报中的应用，就像是给气象学家配备了一个超级聪明且运算飞快的助手。这个助手的工作就是帮助分析海量的天气数据，让我们能够更准确地预测天气变化。具体来说，算力的应用和意义体现在以下几个方面：

　　（1）处理巨量数据。每天，全球有成千上万的气象站、卫星、雷达和探空设备在收集气温、湿度、风速、气压等数据。算力可以帮助快速处理这些庞大的数据集，这是人工无法完成的。

（2）数值预报模型。科学家们开发了复杂的数学模型来模拟地球大气的运动。这些模型包含很多方程式，需要通过超级计算机进行高速计算，来预测未来的天气状况。算力越强，模型计算就越快，预报也就越准确。

（3）实时更新预报。有了强大的算力，天气预报可以做到实时更新。当天气系统突然变化时，计算机会迅速重新计算，及时调整预报结果，让人们能更快得到最新的天气信息。

（4）精细化预报。算力的提升还让天气预报更加精细化，不仅能预测几天后的天气概况，还能精确到某个街区未来几小时的天气情况。这对于防灾减灾、农业生产、交通出行等都至关重要。

（5）极端天气预警。对于台风、暴雨、暴雪等极端天气事件，算力的增强让预报系统能够更早捕捉到这些天气的征兆，提前发出预警，为人们争取宝贵的应对时间。

总的来说，算力的提升大大增强了天气预报的准确性和时效性，让人类能够更好地应对天气变化带来的挑战，保护生命财产安全，也促进了经济社会的平稳运行。

26 | 什么是元宇宙？算力对于元宇宙的重要性体现在哪里？

元宇宙是一个结合了现实与虚拟、可交互的全新数字世界。元宇宙可以看作是一个巨大的、复杂的虚拟世界，就像电影《头号玩家》里的"绿洲"。在这个世界里，人们可以社交、工作、娱乐，体验几乎和现实生活一样丰富多样。但是，要让这个虚拟世界顺畅运行，栩栩如生，就需要大量的算力支持。算力的重要性体现在以下几个方面：

（1）流畅体验。想象你在元宇宙中漫步，想要看到的每一棵树、每一片云都清晰细腻，和朋友的每一次对话都能即时反馈。这背后，算力就像无数个勤劳的"小工人"，快速处理图形图像，确保一切看起来流畅自然，没有卡顿。

（2）实时互动。在元宇宙里，人们可以实时交流、交易，甚至参加万人演唱会。这需要算力快速处理每个人的动作、表情变化，确保所有人之间互动没有延迟，就像在真实世界中面对面交谈一样自然。

（3）创造无限可能。元宇宙允许用户自己设计物

品、建造房屋、创造游戏等。这就需要算力支撑大量的创意实现，无论是复杂的3D模型构建，还是AI驱动的角色行为模拟，都需要强大的计算能力来保证创意的即时实现和分享。

（4）智能与个性化。元宇宙中的智能助手、个性化推荐等都需要强大的AI算力。就像有个聪明的私人助理随时待命，为你安排日程、推荐喜欢的内容，这一切都需要后台快速处理大量数据，理解你的喜好和需求。

（5）经济系统的稳定性。元宇宙有自己的经济体系，涉及货币交易、资产确权等，这些都需要算力来确保交易的安全和高效，防止欺诈，维护整个经济生态的稳定运行。

算力就像是元宇宙的心脏，泵送着让它生机勃勃的能量，没有足够的算力，元宇宙就难以成为一个既真实又充满活力的平行世界。

27 | 什么是异构计算？

异构计算就像是一个团队，里面有擅长数学的人、擅长画画的人、擅长写文章的人，等等，每个人负责自己最擅长的部分，这样整个团队就能更快更好地完成任务。在计算领域，传统的 CPU（中央处理器）擅长处理各种各样的任务，但面对特定类型的复杂运算，比如图形处理、人工智能算法等，就显得不够高效。这时，异构计算就引入了专门的硬件，比如 GPU（图形处理器）、TPU（张量处理器）等，它们专为某些特定任务设计，计算能力更强，速度更快。

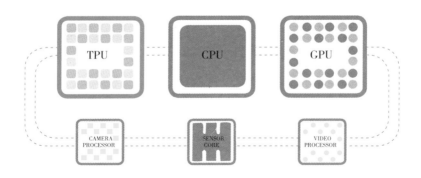

28 | 异构计算如何提升算力效率?

　　异构算力提升效率的方式主要有以下几点:

　　(1)分工合作。就像厨房里,切菜的、炒菜的、洗碗的各司其职,异构计算中,CPU 处理一般指令,GPU 处理图形和并行计算,TPU 专攻人工智能计算,大家各展所长，共同加速任务完成。

（2）减轻负担。把一些重计算任务交给 GPU 或 TPU 这类专业硬件去做，可以让 CPU 专注于它更擅长的任务管理与调度，使整体系统的处理能力和响应速度得到提升。

（3）并行处理。特别是对于 GPU 和一些专用芯片，它们能同时处理大量相同或类似的数据，这种并行处理能力在处理大数据或复杂算法时尤其重要，能大大减少处理时间。

（4）节能降耗。因为专业硬件处理特定任务的效率高，相对于用 CPU 处理同样的任务，可以减少能耗，达到绿色环保的目的。

总之，异构算力就像是组建了一个超能团队，每个成员都发挥自己的特长，相互协作，不仅让计算更加高效快速，而且还能在节能和提升用户体验上展现出优势。

29 | 云计算和边缘计算在算力分配上有什么不同？

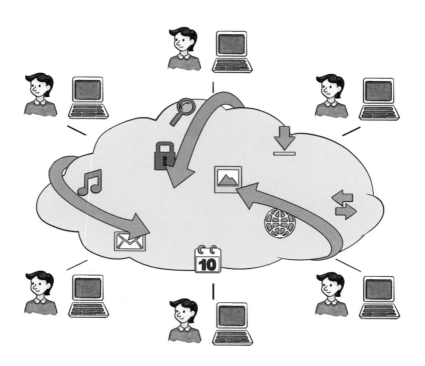

　　云计算和边缘计算在算力分配上的主要区别，可以用一个简单的比喻来说明：

　　云计算就像是一个位于远方的大型数据中心，它拥有强大的计算和存储资源。当你需要处理数据或运行应用程序时，就像把作业寄到远方的超级图书馆去处理，完成后图书馆再把结果寄回给你。这种方式适合处理大量数据、需要强大计算能力的任务，但可能会有延迟，因为数据需要在云端和你的设备之间往返。

边缘计算则是将计算能力部署到了离你更近的地方，就像是在社区里建了一个小型图书馆。当你的设备或附近的设备需要处理数据时，可以直接在这个"社区图书馆"完成，不需要跑到远方的超级图书馆。这样做的好处是反应速度快、延迟低，特别适合那些对实时性要求高的应用，比如自动驾驶、视频监控、物联网设备的即时数据分析等。

总结起来，云计算注重集中化的资源管理和大规模数据处理，适用于大数据分析、远程备份、企业级应用等场景。边缘计算强调靠近数据源进行计算，减少数据传输延迟，适用于需要即时响应的场景，如智能制造、智慧交通、远程医疗等。两者不是互相替代的关系，而是互补关系，根据不同的应用场景和需求，灵活选择或结合使用，以达到最优的算力分配和使用效果。

30 | 什么是量子计算？

　　量子计算是一种全新的计算方式，它基于量子力学的原理来进行信息处理，与我们日常使用的经典计算机（比如个人电脑、手机中的处理器）有着根本的不同。为了帮助理解，我们可以从以下几个方面来通俗地解释量子计算及其潜在优势：

（1）经典计算的基本单位是比特（bit）。在经典计算中，信息被表示为"0"或"1"，这就是比特。所有的计算任务都可以分解为这些最基本单位的组合和操作。

（2）量子计算的基本单位是量子比特（qubit）。量子比特与比特的最大不同在于，它不仅可以是"0"或"1"，还可以同时处于"0"和"1"的状态，这被称为量子叠加。更神奇的是，多个量子比特之间可以存在一种叫作"量子纠缠"的现象，使得它们的状态相互依赖，即使相隔很远也能瞬间影响彼此。

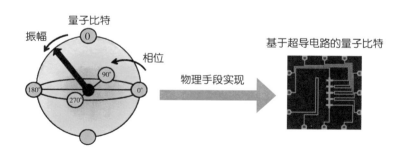

利用量子力学打造量子计算机

31 | 量子计算对比经典计算在算力上有何潜在优势？

　　量子计算对比经典计算在算力上的潜在优势可以用一个简单的比喻来说明。想象一下，你要找到一座迷宫的出口。在经典计算的世界里，你只能一次尝试一条路径，直到找到正确的出口。这意味着你可能要花很长时间才能找到正确的路径。而在量子计算的世界里，情况就大不一样了。量子计算利用了量子力学的一些奇特特性，比如"叠加态"和"纠缠"，这使得它能够在某种程度上同时探索所有可能的路径。这就像是你突然拥有了超能力，可以在一瞬间同时走过所有的路径，并立即知道哪条是正确的。这就是量子计算相对于经典计算的巨大潜在优势。

举个实际的例子，假设你需要破解一个非常复杂的密码。对于经典计算机来说，这可能需要数百年的时间。但是，如果使用量子计算机，它可能会在几分钟内完成这项任务，因为量子计算机可以同时检查所有可能的密码组合。

当然，量子计算还面临许多挑战，比如量子比特的稳定性和错误率等问题，但它在理论上为解决某些特定问题提供了前所未有的速度和效率。

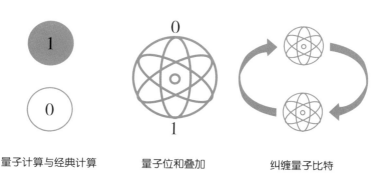

量子计算与经典计算　　量子位和叠加　　纠缠量子比特

32 | 为什么人工智能需要强大的算力支撑？

　　人工智能就像是一个非常聪明的大脑，但它工作的过程需要做很多很多的计算，就像我们要解很难的数学题时，需要不停地用笔和纸计算一样。只不过，AI的"题目"复杂得多，涉及的数据量巨大，就像是要同时解几百万、几千万甚至上亿个这样的难题。为什么需要这么强的算力呢？

（1）处理大量信息。AI 要学习和理解世界，首先得看很多很多的例子，这些例子就是数据。想象一下，要认识一只猫，AI 可能要看成千上万张猫的照片，每张照片都要分析特征，这需要巨大的计算力。

（2）学习和记忆。AI 通过复杂的算法，像老师教学生一样，从这些数据中学习规律。这个过程就像是整理无数本书的知识点，然后记住它们，准备随时应用。计算力强，它就能学得更快、记得更多。

（3）快速做出决定。当我们要求 AI 做某事时，它要在一瞬间分析情况，给出答案或行动。这就像你要快速算出一个大数的平方根，大脑越快，反应就越敏捷。强大的计算力让 AI 能即时给出智能反馈。

（4）变得更聪明。为了让 AI 更精准、更智能，科学家们不断设计更复杂的模型。这些模型就像是更高级的思维技巧，但用起来也更费"脑力"，即需要更多的计算资源。

所以，就像我们做事情需要足够的力气，AI 要想完成复杂的任务，就需要强大的算力作为支撑，这样它才能不断地学习、思考，最终帮助我们解决各种各样的问题。

33 | 人工智能与算力之间有何关系？

　　人工智能与算力之间的关系紧密且直接，可以从以下几个方面进行解释：

　　（1）动力源泉。算力就像是驱动人工智能前进的引擎。正如汽车需要引擎提供动力才能行驶，AI模型也需要强大的计算能力来运行复杂的算法，进行数据处理和模型训练。没有足够的算力，AI就如同没有燃料的车辆，无法展现出其智能特性。

　　（2）加速学习过程。在AI，尤其是深度学习领域，算力直接影响到模型训练的速度。模型需要通过反复学习数据来优化自己，这个过程中涉及大量的矩阵运算和梯度计算，算力的强弱直接决定了这个学习过程的快慢。更强的算力可以让AI在更短的时间内完成学习，加速迭代和优化。

　　（3）支持复杂模型。随着AI技术的发展，模型的规模和复杂度不断增加，比如大型语言模型和图像识别模型，这些模型需要处理巨量的数据，进行亿万级别的计算。只有具备足够的算力，才能支撑起这些复杂模型的运行和训练，使得 AI 能够处理更复杂的任务，达到更高的准确度。

（4）促进应用落地。算力的进步使得 AI 能够被更广泛地应用于实际场景中，从智能驾驶到医疗诊断，再到日常生活中的个性化推荐，算力的提升降低了 AI 应用的门槛，使其更加实用和高效。

（5）超越摩尔定律。传统上，计算机性能的提升遵循摩尔定律，即集成电路上可容纳的晶体管数目约每隔两年便会增加一倍，性能也相应提升。但在 AI 领域，由于对算力的极端需求，单纯依靠硬件升级已不能满足，因此催生了专门针对 AI 计算优化的硬件设计（如 GPU、TPU 等），以及分布式计算、云计算等技术，这些都在努力超越摩尔定律的限制，为 AI 发展提供持续的动力。

算力是支撑人工智能发展的基石，两者相辅相成，算力的每一次飞跃都为 AI 技术的进步和应用的拓展开辟了新的可能性。

34 | 算力在人工智能领域的应用有哪些特别之处？

　　算力在人工智能领域扮演着核心角色，它的一些特别之处在于：

　　（1）加速学习过程。想象一下，人工智能像一个小孩子学习新技能，算力就像是这个孩子的脑力。脑力越强（算力越大），孩子学习骑自行车、画画等技能就越快。同样，强大的算力能大幅缩短人工智能模型的学习和训练时间，让 AI 更快地掌握任务。

（2）处理复杂任务。面对识别照片中的数千张人脸、理解自然语言这样的复杂任务，需要进行海量的计算。算力就像拥有超人的力量一般，帮助 AI 轻松应对这些计算密集型的挑战，使机器能够理解和应对真实世界的复杂性。

（3）实时响应。在自动驾驶汽车、语音助手等场景中，AI 需要快速做出决策。算力的提升让 AI 的反应像闪电一样快，能在毫秒间分析数据、做出判断，确保安全或提供无缝的交互体验。

（4）大规模数据分析。AI 要从海量数据中挖掘价值，如同在沙漠中寻找宝藏。算力强大意味着可以更快地筛选沙子，找到那些宝贵的洞藏。因此，企业能更快发现市场趋势、用户偏好，提升产品和服务。

（5）创新与突破。更强的算力为实验更复杂的模型和算法提供了可能，推动了人工智能技术的不断进步。就像科学家有了更精密的仪器，可以探索更深层次的科学奥秘，AI 研究者也能借助算力的提升，开发出更智能、更人性化的应用。

总结来说，算力之于人工智能，就如同燃料之于火箭，是推动 AI 不断进化和应用普及的关键力量。

35 | 算力在人工智能推理阶段的作用是什么？

算力在人工智能的推理阶段，就像是给解决实际问题的侦探配备了超级计算机。推理阶段主要是将训练好的人工智能模型应用到实际场景中，来做出决策或预测。这里，算力的作用可以这样理解：

（1）快速响应。当你向智能助手提问或让自动驾驶汽车做决策时，需要即时得到反馈。强大的算力能让模型迅速分析输入的信息（比如你的语音命令或路况），就像侦探瞬间翻阅大量资料找到线索，快速给出答案或行动方案。

（2）处理复杂任务。面对复杂的问题，比如医疗诊断、金融风险评估，模型需要处理的信息量极大，逻辑也很复杂。这时候，高算力就像是侦探的超强大脑，能同时考虑很多因素，进行深度分析，确保决策的准确性和可靠性。

（3）支持大规模应用。在需要同时为很多人或设备提供智能服务的场景下，比如云计算平台，算力的重要性更加凸显。它确保了系统即使在高负载下也能流畅运行，就像一个超级侦探团队，每个人都能高效处理案件，服务不打折扣。

（4）优化用户体验。无论是语音识别、图像识别还是自然语言处理，用户期待的是无缝、流畅的体验。算力的提升减少了处理延迟，让用户感觉 AI 助手仿佛真的"懂"他们，反应敏捷，提升了整体的满意度。

综上所述，算力在人工智能推理阶段的作用就是提供强大的运算支持，确保模型能够迅速、准确地做出决策，应对各种复杂情况，同时保证服务的质量和效率，让人工智能更加实用和高效。

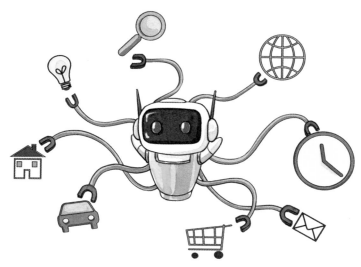

36 | 算力的增长趋势如何？

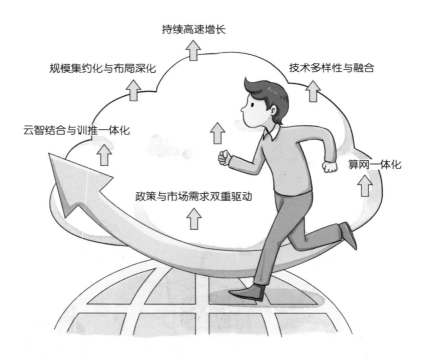

算力增长的趋势主要有以下几个关键特征和方向：

（1）持续高速增长。预计全球算力总规模在未来几年内将持续保持较高的年均增速，有预测指出未来

5 年内年均增速将超过 50%。中国市场复合增长率预计将达到 20%，其中智能算力和超算算力的占比有望显著增加。

（2）技术多样性与融合。算力产业正朝着更加多元化和一体化的方向发展。传统数据中心的通用算力已经难以满足复杂计算需求，如大模型训练、科学计算、自然语言处理和视频渲染等。因此，高性能计算平台、GPU 云主机、智算平台甚至是量子计算平台等多样性算力资源池正在快速扩张，以支持不同应用场景。

（3）算网一体化。算网的概念强调云计算能力的提升，以纳管更多样化的算力资源，包括边缘计算、数据中心的融合架构（如 GPU、APU、NPU 的融合），以及东数西算等策略，旨在构建一个统一接入、高效协同的算力服务体系。

（4）规模集约化与布局深入化。随着 AI 大模型的量级突破，E 级以上大型智算中心将成为主流，智算基础设施加速向城市和边缘渗透，满足边缘计算和终端对 AI 算力的需求。

（5）云智结合与训推一体化。一体化服务模式成为主流，实现算力、算法和数据的高效协同，简化 AI

应用的部署和运行，加速 AI 技术的落地应用。

（6）政策与市场需求双重驱动。政策利好、市场需求强劲以及技术创新共同推动算力产业的快速发展，特别是 AI 算力的促进作用，加速了 IDC 和云服务的升级，形成新的产业格局。

综上所述，算力增长的趋势体现出对更高性能、更广泛应用场景适应性和更高效能比的追求，同时伴随着对环境影响的关注和绿色可持续发展目标的融合。

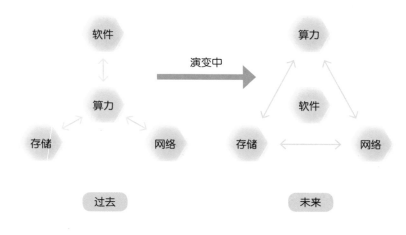

37 | 未来算力的重大技术突破可能是什么？

未来算力的重大突破可能集中在以下几个方面：

（1）量子计算的实用化。量子计算机能够处理传统计算机难以解决的复杂问题，如大规模优化问题、加密安全及模拟分子等。随着量子比特稳定性和连通性的提升，以及错误纠正技术的进步，量子计算有望在未来实现重大突破，为特定行业和科学领域带来革命性变化。

（2）芯片与处理器架构创新。新型芯片技术，比如3D封装、小芯片架构，以及针对特定任务优化的定制化 ASIC（专用集成电路）等，将大幅提升单位面积算力密度和能效比。此外，基于新材料（如碳纳米管、二维材料等）的芯片研发，也可能引领算力新纪元。

（3）光计算与光子学。光计算利用光子代替电子进行数据处理，具有高速、低能耗的优点，尤其是在大规模数据传输和并行计算领域，光计算技术的成熟与商业化应用将是算力领域的一大突破。

（4）神经形态计算。模仿人脑神经网络的工作原理，神经形态计算能够高效处理非结构化数据，提高学习与推理能力。随着材料科学、算法设计及制造工艺的进步，神经形态芯片可能成为下一代 AI 算力的核心。

（5）分布式与去中心化算力网络。区块链和 Web3.0 技术的演进，可能会催生更加去中心化的算力资源市场，允许个人和企业将其闲置算力贡献出来，形成一个全球化的算力共享网络，提高资源利用率并降低成本。

（6）软件与算法优化。除了硬件层面的突破，软件算法的优化也是提升算力效率的关键。包括但不限于自动机器学习、编译器优化、动态负载均衡等技术，将使得现有硬件基础下的算力应用更加高效。

这些突破不仅会极大地提升算力的性能，还会推动算力应用的广度和深度，为人工智能、大数据分析、物联网、生命科学等多个领域带来前所未有的发展机遇。

38 | 如何保障算力安全？

　　保障算力安全就像保护一座金库，既要坚固围墙，又要装好报警系统，还要有严格的进出管理，确保里面的财富（算力资源）既安全又高效地被使用。具体来说，算力安全的保障措施包括：

（1）物理安全。首先得保证数据中心这些"算力仓库"不受外界物理损害，比如防震、防火、防水，还得有严格的门禁系统，防止未经授权的人员进入。

（2）网络防护。就像给金库周围布满了电子围栏，通过防火墙、入侵检测系统等技术，阻止黑客入侵，监测并防御网络攻击，确保数据在网络传输过程中的安全。

（3）加密技术。对传输的数据和存储的信息进行加密，就像给敏感信息穿上隐身衣，即使被截获也难以解读，保护数据隐私和安全。

（4）身份验证与权限管理。就像金库的钥匙只能给特定的人，通过设置复杂密码、双因素认证等方式，确保只有经过严格身份验证的用户才能访问相应的算力资源，并且只给予他们完成工作所需的最小权限。

（5）定期审计与更新。就像定期检查金库的每一个角落，通过定期的安全审计，查找并修复安全漏洞。同时，及时更新软件和系统，打上最新的安全补丁，对抗新出现的威胁。

（6）备份与灾难恢复。就像准备了一个秘密的备用金库，通过数据备份和建立灾难恢复计划，即便主系统遭受攻击或故障，也能迅速恢复算力服务，减少损失。

（7）可信计算与隐私计算。采用可信计算技术确保计算环境的完整性，确保计算过程中不被篡改。隐私计算则是在多方合作时，保护各自数据隐私的同时完成计算任务，就像大家戴着面具开秘密会议，信息共享但身份保密。

通过这些综合措施，算力的安全得到了全方位的保护，确保它能安全高效地服务于数字经济和社会生活的方方面面。

39 什么是绿色算力?

绿色算力，即算力的绿色低碳追求，是算力高质量发展的重要目标，可通过融合推进算力生产、算力运营、算力管理、算力应用等层次的绿色化来实现。

简而言之，绿色算力是指在提供高效计算服务的同时，最大限度地减少对环境的影响，通过采用可再生能源、提高能源使用效率、实施循环经济等策略，实现算力生产的低碳化和环境友好。在气候变化日益严峻的当下，绿色算力不仅是技术革新与产业升级的需要，更是人类对地球未来负责的体现。

绿色算力就是具备节能、环保、低功耗等特点的算力。在数字化日益普及的今天，算力需求呈指数级增长，而绿色算力能有效降低能源消耗，减少碳排放，为可持续发展贡献力量。

40 | 绿色算力的重要性体现在哪些方面?

绿色算力的重要性主要体现在以下几个方面:

(1)环境保护。就像我们平时提倡节能减排一样,绿色算力通过使用太阳能、风能等清洁能源,减少了对化石燃料的依赖,降低了碳排放和其他污染物的产生,有助于减缓全球变暖和提升空气质量,保护我们共同的家园。

(2)可持续发展。传统能源如煤炭、石油是有限的,而绿色算力依赖的可再生能源几乎是无穷无尽的，这样就确保了计算能力的长期稳定供应，支持科技和社会的持续进步，符合可持续发展的理念。

（3）经济效益。随着技术进步，清洁能源的成本正在逐渐降低，长远来看，使用绿色能源的算力中心可能会有更低的运营成本。同时，绿色算力也能提升企业形象，吸引更多关注可持续性的客户和投资者。

（4）政策合规与社会责任。许多国家和地区都在推动减排目标，对企业使用绿色能源有明确要求或激励措施。采用绿色算力不仅能帮助企业和组织遵守环保法规，还能展现其承担社会责任的良好形象。

（5）技术创新驱动。为了实现绿色算力，需要不断研发更高效的计算技术、能源管理和存储解决方案，这本身就会促进科技创新，带动相关行业的发展。

绿色算力不仅关乎环境保护，也是推动经济高质量发展、促进技术革新和社会责任的重要力量。

41 | 绿色算力的未来趋势是什么?

绿色算力的未来趋势展现出以下几大方向:

(1)能源效率持续提升。随着技术的不断进步,绿色算力将更加注重能源使用效率(PUE),通过算法优化、硬件革新和数据中心管理的智能化,力求将能源消耗降至最低。例如,采用液冷技术、热回收系统等创新散热方案,以及更高效的服务器设计,都是提高能效的关键路径。

(2)可再生能源广泛应用。绿色算力将更加依赖风能、太阳能等可再生能源,以实现算力生产的零碳排放。数据中心选址将倾向于可再生能源丰富的地区,同时利用储能技术确保电力供应的稳定性,进一步减少对化石燃料的依赖。

(3)标准化与规范化。随着绿色算力重要性的提升，行业内外将推动建立统一的标准和规范，包括绿色算力认证、算力效率衡量标准等，以指导和规范绿色算力技术的发展和应用。

（4）政策与市场的双重推动。政府政策将更加倾向于鼓励绿色算力的发展，包括提供补贴、税收优惠、设立绿色金融工具等。市场层面，消费者和企业对绿色产品的偏好增强，将促使更多企业投资绿色算力项目。

（5）技术创新与跨界合作。绿色算力的未来离不开跨学科、跨行业的技术创新和合作，如材料科学的进步将带来更高效的电子元件，而 AI 和大数据的应用则能优化算力分配和资源管理。

（6）绿色数据中心优化升级。数据中心作为算力的核心载体，其设计、建设和运营将全面考虑能效和环保，通过模块化、预制化、灵活扩容等方式，以及利用自然冷却等手段，减少环境污染。

绿色算力的未来趋势指向一个更加高效、可持续且环境友好的算力时代，其发展将深刻影响数字经济的绿色转型，并对实现全球气候目标起到积极作用。

大模型篇

1 | 什么是GPT？

　　GPT（Generative Pre-trained Transformer），是一种基于互联网的、可用数据来训练的、文本生成的深度学习模型。更通俗一点说，就是生成式、预训练。

2 | 什么是 ChatGPT？

　　ChatGPT（Chat Generative Pre-trained Transformer），是一个基于人工智能技术的聊天机器人，可以自动生成自然语言的响应，与用户进行语音或文字交互。

3 | 什么是 Transformer 模型?

Transformer 是一种依赖注意力机制在输入和输出之间建立全局依赖关系的神经网络架构。它最初于2017 年提出,用于机器翻译任务,并在该领域取得了突破性的成果。传统的基于循环神经网络(RNN)的方法处理序列数据时,由于其固有的串行处理方式,训练速度较慢。而 Transformer 模型则完全摒弃了 RNN 和卷积层,引入了一种称为"自注意力机制"(Self-attention mechanism)的新方法来处理输入数据,允许模型并行处理输入中的所有元素,从而显著提高了训练效率。

比如说,如果你的朋友在房间的另一边喊你,尽管周围有很多人说话,你会更容易注意到朋友的声音,因为你对朋友的声音更感兴趣或者更相关。这就是自注意力机制的一个直观描述——它帮助你聚焦于最重要或最相关的信息上。

在计算机处理文本的时候,每一个词就像是派对中的一个人。自注意力机制让模型可以为每一个词分配不同的权重，也就是"注意力"的大小。这样，当模型在处理一句话中的某个词时，它可以知道其他词与这个词的关系有多密切，从而更好地理解这句话的意义。

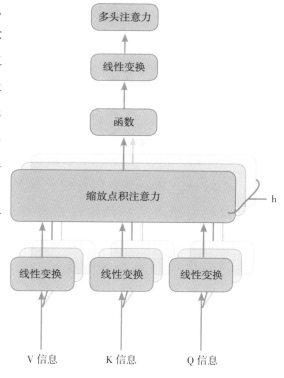

举个具体的例子，假设有一句话："猫追老鼠。"在这个短句中，"猫"和"追"以及"老鼠"之间的关系是非常紧密的。自注意力机制会让模型注意到"猫"和"追"以及"老鼠"之间的联系，而不会把注意力分散到无关紧要的信息上。

4 | 什么是大模型?

大模型,通常是指单一模态大模型,可以想象成一个专才,它在一个特定的领域或者形式的信息上非常擅长。就像一个专家,可能只专注于文字,或者只对图片特别了解,但在这个领域里,它的能力非常强。

再比如,有一个专门处理文字的单一模态大模型,你可以把它想成是一位学富五车的文学教授,他对各种语言文字了如指掌,无论是创作优美诗歌、撰写深度文章,还是解答复杂的文学问题,它都游刃有余。但他可能就不怎么懂得欣赏画作或音乐,因为那些不是他的专长领域。

专业点说,单一模态大模型是指在人工智能领域中,专注于处理某一特定类型数据(模态)的大型机器学习模型。这些模型具有数百万乃至数千亿的参数,设计用于深入理解和生成基于特定模态的数据,如文本、图像、语音或视频等,但不同时处理多种模态的数据。

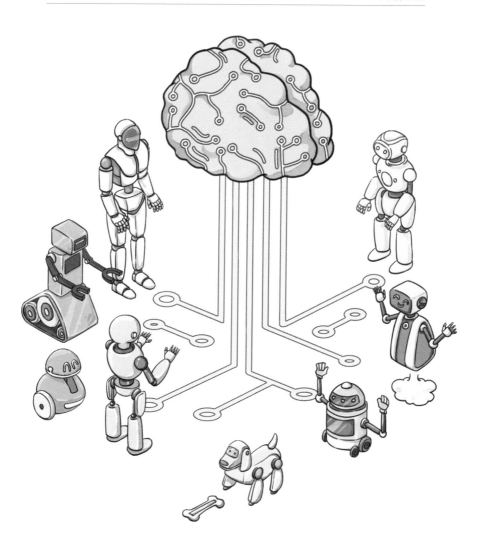

5 | 什么是模型压缩？

　　模型压缩，就像是把一个大行李箱里的东西重新打包，放进一个小背包里，但仍然保留最重要的物品，让你能够轻松携带出行。在人工智能领域，模型压缩就是把复杂的、需要大量计算的 AI 模型，通过一些巧妙的方法改小，让它在不牺牲太多性能的情况下，能在计算能力有限的设备上运行。

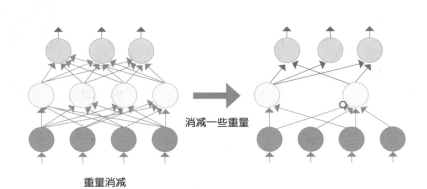

消减一些重量

重量消减

6 模型压缩是如何减少 AI 模型对算力的需求的?

减少对算力需求的方式主要有以下几种:

(1)剪枝减肥。就像修剪树枝一样,去掉模型中不那么重要的部分,比如那些对预测结果影响不大的权重或连接。这样模型就变瘦了,运算起来自然更快,需要的算力也就少了。

(2)量化瘦身。原本模型中的每个参数可能需要用很多位数来表示,就像用高精度尺子测量长度。量化就是用较少的位数来近似这些参数,就像改用普通尺子,虽然精度略降,但换来了计算的高效。

(3)知识蒸馏。想象一位大师把他毕生所学简化教授给徒弟。知识蒸馏就是让一个复杂的大模型(老师)教会一个更简单的模型(学生)怎么完成同样的任务,尽管学生模型小很多,但通过学习老师的"精华",它也能表现得很好。

(4)稀疏化处理。让模型中的大部分连接变为 0,只保留关键的部分,就像画素描时只勾勒关键线条。这样,在计算时就可以忽略掉那些不重要的 0,大大减少计算量。

　　通过这些方法，模型压缩不仅让 AI 模型变得"苗条"，更容易在手机、摄像头这类小型设备上运行，而且还降低了对电力的需求，使得 AI 技术能够在更多场景下得到应用，同时也更加环保节能。

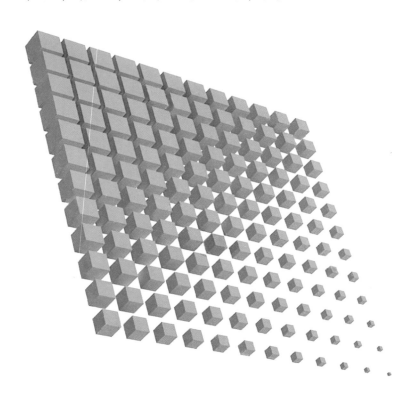

7 | 大模型相比于传统自然语言处理模型的主要优势是什么？

大模型相比于传统自然语言处理（NLP）模型的主要优势包括但不限于以下几点：

（1）更强的泛化能力。大模型通过学习海量数据，能够在多种任务和不同领域中展现出良好的适应性和性能，无须针对每个任务单独训练模型，即可实现较好的迁移学习效果。

（2）更大的参数量和深度。大模型通常包含数十亿甚至数千亿个参数，这种规模允许模型捕捉更复杂的语言结构和上下文依赖，从而在理解文本含义、生成连贯文本等方面表现更优。

（3）更高的表达能力和理解力。能够处理更长的文本序列，理解文本中的多重关系和隐含意义，这对于语义理解、情感分析等任务尤为重要。

（4）自适应学习与持续优化。在实际应用中，大模型能通过与用户交互获得反馈，进行在线学习和持续优化，提升个性化服务和用户体验。

（5）减少标注数据需求。在少样本或零样本学习场景下，大模型可以仅凭少量或没有特定任务的标注数据就能达到不错的性能，降低了对大量手工标注数据的依赖。

（6）多任务处理能力。单一的大模型可以被微调用于多种 NLP 任务，如文本分类、问答系统、机器翻译、对话系统等，减少模型部署和维护的复杂性。

（7）可以生成连贯、有创意的文本内容，适用于内容创作、自动摘要、对话生成等多种场景。

（8）降低开发成本和时间。虽然初期训练成本高，但长期来看，复用同一个大模型处理多种任务可以减少开发新模型的时间和经济成本。

（9）知识融合与推理。大模型能够整合广泛的知识，并在必要时进行推理，这对于需要综合判断和决策的任务尤为重要。

这些优势使得大模型成为推动 NLP 领域进步的关键技术，正在逐步改变我们处理自然语言的方式。

8 | 大模型的训练数据通常来自哪里?

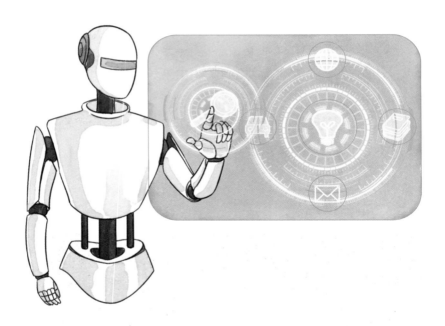

　　大模型的训练数据来源广泛,主要包括以下几个方面:

　　(1)公开数据集。互联网上有众多公开的文本、图像、语音等数据集,例如百度百科、新闻档案、学术论文、开源数据库等。这些数据覆盖了丰富多样的主题和领域，是大模型训练的重要资源。

（2）企业内部数据。企业可能会利用其独有的客户交互记录、产品评价、业务操作日志等数据来训练针对特定场景的模型，以提升服务质量和效率。

（3）版权数据。对于某些特定应用领域，如文学创作、专业内容生成等，模型训练会采用获得授权的版权内容，如小说、诗歌、专业文献等，以确保输出内容的质量和合法性。

（4）网络抓取数据。通过网络爬虫技术从网站上自动抓取数据，这类数据实时更新、涵盖面广，但需严格遵守相关网站的使用条款和隐私政策。

（5）合成数据。在某些情况下，为了增强数据的多样性和特定需求，研究人员会生成合成数据，如通过算法模拟生成的文本、图像等，以补充真实数据的不足。

（6）用户生成内容。社交媒体、论坛、博客等平台上的用户评论、帖子等也是重要的数据来源，它们反映了真实的语言使用习惯和社会趋势。

（7）政府和公共机构数据。政府开放数据、公共服务记录等也是数据来源之一，尤其对于提升模型在政务、公共服务领域的应用效能至关重要。

获取这些数据时，需要特别注意数据的质量、多样性、代表性和合法性，确保数据集不含偏见，尊重用户隐私，同时也要满足知识产权的要求。

9 | 大模型的训练过程中面临的挑战有哪些？

大模型在训练过程中面临的挑战是多方面的，主要包括但不限于以下几个关键点：

（1）高昂的计算资源需求。大模型由于其庞大的参数量，训练时需要大量的计算资源，包括高性能 GPU 或 TPU 集群、大量的存储空间和持续的电力供应。这些资源的成本非常高昂，对经济投入和基础设施建设都是巨大考验。

（2）长期的训练时间和成本。由于模型规模庞大，训练周期往往以周、月乃至年计，这不仅意味着高昂的电费开销，也延长了研发周期，增加了时间成本。

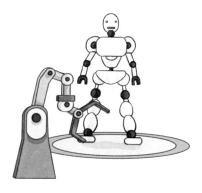

（3）数据质量与隐私保护。大模型的学习依赖于海量的高质量数据，但收集、清洗并标注这些数据本身就是一项艰巨任务。同时，数据隐私和安全问题尤为重要，如何在利用数据的同时保护用户隐私，避免数据泄露和滥用，是一个重大挑战。

（4）优化算法与模型稳定性。随着模型规模的增长，传统优化算法可能不再有效，需要开发新的训练策略来确保模型收敛且避免过拟合。此外，维持模型的稳定性和泛化能力也是一个技术难题。

（5）能源消耗与环境影响。大模型的训练极其耗电，对环境造成的影响不容忽视，这引发了对可持续 AI 研究的重视。如何降低能耗和使用绿色能源成为研究者们关注的问题。

（6）模型的可解释性和可控性。大模型的决策过程往往像一个黑箱，提高模型的可解释性，让用户和监管机构理解其决策依据，对于建立信任和合规性至关重要。

（7）法律与伦理挑战。随着大模型应用的扩展，如何确保技术使用符合法律法规，避免产生偏见、误导信息或侵犯版权等问题，也是必须面对的挑战。

（8）存储技术挑战。大模型的参数量动辄百亿乃至万亿，这对存储系统的容量、速度和可靠性都提出了极高的要求，如何高效管理和访问这些模型参数是另一大难题。

大模型的训练不仅仅是技术层面的挑战，还包括经济、环境、法律及伦理等多个维度的考量。

10 | 大模型的未来发展方向有哪些？

大模型的未来发展方向主要集中在以下几个关键领域：

（1）模型规模的持续扩大。随着计算资源的进步和算法优化，大模型的参数量预计将进一步增加，推动模型的表达能力和泛化能力达到新高度。

（2）多模态融合。未来大模型将更加注重文本、图像、语音、视频等多种模态信息的融合处理，实现更全面和深入的内容理解和生成，提升跨模态理解和生成能力。

（3）高效训练与推理。研究如何在保持性能的同时，减少模型的训练时间和计算资源消耗，包括但不限于稀疏化、量化、知识蒸馏等技术，以及针对特定任务的轻量化模型设计。

（4）可解释性和可控性。增强大模型的可解释性，让用户和开发者能更好地理解模型内部决策过程，同时提高模型输出的可控性，确保内容质量和合规性。

（5）自适应学习与个性化。提升模型的在线学习能力，使其能在运行时根据用户反馈和环境变化进行自我优化，提供更为个性化的服务。

（6）伦理与安全。构建更为健全的伦理框架和安全机制，确保大模型的使用不会侵犯隐私、传播偏见或造成其他社会负面影响，增强模型的公平性、透明度和可靠性。

（7）低资源和零样本学习。进一步提升大模型在缺乏标注数据情况下的学习能力，尤其是在小众语言、专业领域等资源有限的场景中。

（8）环境可持续性。探索减少大模型碳足迹的方法，比如使用绿色能源、优化数据中心效率等，以应对 AI 发展与环境保护之间的平衡问题。

（9）标准化与开源共享。推动大模型的标准化接口、评估体系以及模型共享机制，促进学术界和产业界的交流与合作，加速技术创新和应用落地。

（10）人机协作与辅助决策。优化大模型在辅助人类工作、创新思维激发、决策支持等方面的能力，促进形成人机和谐共生的新模式。

11 | 什么是多模态大模型?

　　多模态大模型,你可以想象它是一个"万能翻译官",不过它不仅翻译语言,还能理解图片、声音、视频等不同的信息类型。就像一个人,他不仅能听懂你说话(音频),看懂你写的字和画的画(文本和图像),

还能理解你手势的意思，甚至通过你的表情（视频中的视觉信息）猜测你的心情。而多模态大模型意味着它内部有一个非常庞大的知识库和复杂的计算结构，让它能学会处理这些多样化的信息。这个"万能翻译官"可以把这些不同的信息放在一起，交叉分析，帮助我们完成很多任务。比如，你给它一张图片和一句话，它就能生成一个匹配这张图片的故事；或者你给它一段语音和一个视频，它能帮你找出视频里和语音描述最相关的部分。多模态大模型让机器更加接近人类的思考方式，能更好地理解和生成与真实世界相关的复杂内容。

　　专业点说，多模态大模型是一种人工智能技术，是能够同时处理和理解多种类型的数据模态（如文本、图像、语音、视频等）的大型人工智能模型。这类模型通过联合学习来自不同模态的特征表示，实现跨模态的信息融合和交互，从而在单一输入或跨模态输入上执行复杂任务，如图文匹配、语音识别与翻译、视频内容理解等。多模态大模型的核心在于构建一个统一的表示空间，使得不同模态的数据在这个空间中有意义地相互关联和比较。

12 | 多模态大模型相比单一模态模型有哪些优势？

　　多模态大模型比单一模态模型还要聪明，它不只看得到文字或图片，还能听声音、理解视频，就像是同时拥有了眼睛、耳朵和大脑，能用各种方式理解和交流。相比之下，单一模态模型就像个专才，可能只擅长文字或者只看得懂图片。

　　具体来说，多模态大模型的优势有以下几方面：

　　（1）更全能。它能处理各种类型的信息，不管是你写的字、拍的照片、说的话还是录像，都能理解，这样在解决问题时考虑得更周全。

　　（2）理解更深。想象一下，如果我既能听你说话，又能看到你的表情，是不是更能明白你的意思？多模态大模型就是这样，它能更好地抓住你的意图，就像朋友间的默契沟通。

　　（3）更不容易出错。如果有多个线索帮忙判断，比如语音和图像一起分析，就不太会误会你的意思，即使某个信息不清楚，其他信息也能帮忙补上，这样就更可靠了。

　　（4）创意无限。它能做很多有趣的事，比如根据你讲的故事画出图画，或者把你说的话变成文字，就像是拥有魔法一样，让创意变得多样又生动。

　　（5）适用范围广。从家里用的智能音箱到医院里的高科技设备，再到自动驾驶汽车，多模态大模型都能发挥作用，因为它能适应各种需要"看听说"的场景。

　　（6）向着更聪明的 AI 前进。它让我们离那种像科幻电影里那样聪明、全能的机器人更近了一步，因为

这样的 AI 更能像人一样感受和理解世界。

　　总之，多模态大模型就像是个更加全面、灵活和聪明的小伙伴，能用更多的方式帮助我们，解决更复杂的问题。

13 | 多模态大模型如何实现模态间的联合学习？

多模态大模型，能够同时理解和运用多种"语言"——这里的"语言"指的是不同的数据形式，比如文字、图片、声音、视频等。它实现模态间的联合学习，就像是让这位"多模态大模型"学会了如何在不同"语言"之间自由转换并且融合信息，一起来看看它是怎么做到的：

（1）共享知识库。多模态大模型有一个超大的知识仓库，里面存放着各种模态的信息。当它学习一种新技能时，比如理解图片的同时理解相关的文字描述，它会在这个仓库里建立连接，让图片和文字的知识相互参考、互相增强。这样，下次遇到类似情景，即使只给它看图或只给它文字，它也能更好地理解，因为两种信息已经"对话"过了。

（2）交叉翻译。多模态大模型还擅长在不同模态间做"翻译"。就像你给它看一张猫咪的图片，它能"翻译"出"这是一只可爱的猫咪"，同时，如果对它说这句话，它又能想象出相应的猫咪图像。这种能力是通过让模型在训练过程中不断尝试从一种模态生成另一种模态的内容来学习到的。

（3）联合训练任务。为了更好地融合不同模态，多模态大模型会在训练时被安排完成一些需要结合多种感官的任务。比如，给它一段视频（包含图像和声音），要求它既总结出文字描述，又能识别出视频中的主要人物或物品。这样的练习让它学会在处理任务时，自然而然地把不同模态的信息整合在一起考虑。

（4）注意力机制。在处理复杂多模态信息时，模型还会使用一种叫作"注意力机制"的技巧，这有点像我们在关注某事时会忽略周围杂音的能力。模型会学习在哪部分信息上分配更多的注意力，以便更准确地理解整体情景。比如，在一张既有猫又有狗的图片旁边配了一段描述狗的文字，模型就会知道重点去理解与狗相关的信息。

总之，多模态大模型通过在大量数据上进行深度学习，不仅学会了每种模态的独立处理技巧，而且还学会了如何在不同模态间搭建桥梁，让信息流动起来，从而实现更全面、更智能的理解和生成能力。

绿色金融篇

绿色金融

1 | 什么是绿色金融？

　　绿色金融是指一种支持环境改善、应对气候变化和推动资源高效利用的金融服务模式。它涵盖了对环保、节能、清洁能源、绿色交通、绿色建筑等多个领域的项目进行投融资、项目运营管理和风险管理等方

面。绿色金融旨在通过金融工具和政策的支持，引导资金从高污染、高能耗的产业流向那些采用环保理念和技术先进的行业，从而促进经济的绿色转型和可持续发展。

绿色金融的具体实践包括但不限于绿色信贷、绿色债券、绿色股票指数和相关金融产品、绿色发展基金、绿色保险、碳金融等产品。这些金融产品和机制的设计都是为了降低绿色项目的融资成本，提高其吸引力，同时为投资者提供参与可持续发展项目的机会。

2 | 绿色金融产品有哪些？

　　绿色金融产品包括但不限于绿色信贷、绿色债券、绿色发展基金、绿色保险、绿色信托、绿色租赁、碳金融等产品。

　　（1）绿色信贷。指银行等金融机构向节能环保、清洁能源、绿色交通、绿色建筑等绿色项目或企业提供资金支持的贷款服务。

（2）绿色债券。发行所得资金专项用于资助符合特定绿色标准的项目，如可再生能源、能效提升、污染防控等。

（3）绿色发展基金。投资于绿色产业和项目的投资基金，如清洁能源、环保技术、可持续发展等领域。

（4）绿色保险。为绿色项目或企业提供特定风险保障，如环境责任险、绿色建筑保险等，减轻环境相关风险。

（5）绿色信托。以绿色项目或资产为基础，通过信托方式筹集和管理资金，支持绿色产业发展。

（6）绿色租赁。针对节能减排设备、新能源汽车等绿色资产提供的租赁服务，促进绿色技术的应用。

（7）碳金融产品。涉及碳排放权交易、碳信用额买卖等，帮助企业管理和交易碳排放配额。

这些产品体现了金融行业对可持续发展目标的支持，旨在引导资本流向有助于环境保护和生态平衡的经济活动。随着全球对可持续发展的重视，绿色金融产品种类和规模都在不断扩展和增长。

3 | 绿色金融的核心基础是什么?

绿色金融的核心基础是绿色分类标准,这一标准明确了绿色经济活动的边界和范畴,它是绿色金融市场发展的基石。它为政府机构、金融机构及市场主体提供了一个共同的框架,

用以界定哪些经济活动、投资项目是绿色的,从而有效传导政策意图,促进金融机构识别绿色投资机会、评估环境与气候风险,并在产品设计、环境信息披露、风险管理等多个层面提供前提和保障。通过确立统一且明确的标准,绿色分类标准促进了资金向低碳、环保及可持续发展项目流动,支持了全球经济的绿色转型。例如,中国人民银行等机构已经着手制定和完善国内的绿色金融标准,并与国际标准接轨,确保了绿色金融活动在国内和国际上的可比性与一致性。

4 | 绿色金融的重要性是什么？

　　发展绿色金融的重要性在于它能够减少对传统化石燃料的依赖，促进低碳技术和可再生能源的发展，以及帮助缓解和适应气候变化带来的影响。随着全球对环境保护和可持续发展目标的重视加深，绿色金融已成为推动全球经济向更加绿色、低碳、可持续方向发展的重要力量。

5 | 绿色金融的目的是什么？

　　绿色金融的根本目的是促进经济社会发展与环境保护的和谐统一，具体来说，它的主要目标包括：

　　（1）支持环境改善。通过为环保项目和可持续发展解决方案提供资金，比如污水处理、空气净化、生态恢复等，来直接促进环境质量的提升。

　　（2）应对气候变化。资助减缓和适应气候变化的项目，如可再生能源开发（太阳能、风能等）、能效提升、碳捕捉与存储技术等，以减少温室气体排放并增强对气候变化影响的抵抗力。

　　（3）推动资源高效利用。鼓励和支持循环经济、节能减排、清洁生产等项目，优化资源配置，减少资源消耗和废弃物产生。

　　（4）引导资金流向绿色产业。通过绿色信贷、绿色债券、绿色发展基金等金融产品，引导大量社会资本从高污染、高能耗行业转向绿色、低碳、可持续的领域。

　　（5）促进企业和消费者行为转变。鼓励企业采纳绿色生产和管理方式，并通过绿色金融产品和服务，促进消费者形成绿色消费习惯。

（6）金融业自身的可持续发展。推动金融业内部的改革，鼓励金融机构实施环境和社会风险管理，避免环境风险对金融稳定性的潜在威胁。

（7）市场机制与政府支持相结合。利用市场机制激励绿色投资，同时结合政府政策和激励措施，为绿色金融创造有利的政策环境。

综上所述，绿色金融的核心目标是在全球范围内加速向绿色经济转型，确保经济发展活动与自然生态系统服务的长期可持续性相协调。

6 | 绿色金融面临的挑战是什么？

绿色金融在快速发展的同时，也面临着一系列挑战，主要包括：

（1）信息不对称。绿色项目的特殊性和复杂性使得相关信息获取难度大，缺乏统一的环境信息披露标准和评估体系，导致金融机构难以准确评估项目的真实环境影响和可持续性，增加了投资风险。

（2）激励机制不足。尽管绿色金融的重要性日益凸显，但目前仍缺乏足够的激励机制，如税收优惠、补贴政策等，来鼓励更多的资本流向绿色项目，特别是对于中小企业而言，融资难、融资贵的问题仍然存在。

（3）市场规模与覆盖。尽管市场规模在不断扩大，绿色金融产品和服务的覆盖范围仍有待扩展，特别是在农村和偏远地区，绿色金融的渗透率较低，难以满足广泛的绿色投资需求。

（4）监管挑战。绿色金融领域的监管框架尚不完善，如何平衡金融创新与风险防控，制定科学合理的监管政策，促进绿色金融健康发展，是一个复杂的课题。

（5）评估与认证标准。缺乏统一、明确的绿色项目评估和认证标准，使得市场参与者难以区分真正的绿色项目与"漂绿"项目，影响了绿色金融的公信力和有效性。

（6）技术和人才短缺。绿色金融的发展需要专业的评估技术、数据分析能力和绿色金融人才，但目前这些资源相对稀缺，限制了绿色金融的深入发展。

（7）法律与政策环境。相关法律制度和政策环境的不完善，包括绿色金融的界定、激励措施、风险管理等方面，制约了绿色金融的规模化发展。

（8）市场认知与参与度。投资者、企业和公众对绿色金融的认知和参与度仍有待提高，市场教育和意识提升工作需要加强。

面对这些挑战，需要政府、金融机构、企业以及社会各界共同努力，通过完善政策体系、加大信息披露、创新金融产品、提升技术水平和加强人才培养等措施，推动绿色金融持续健康地发展。

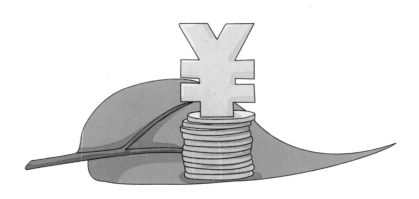

7 | 绿色金融与碳中和的关系？

绿色金融与碳中和之间存在着密切而积极的关系，主要体现在以下几个方面：

（1）资金支持。绿色金融为实现碳中和目标提供了关键的资金支持。它通过投资于可再生能源开发（如风能、太阳能）、能源效率提升、清洁交通系统、绿色建筑，以及森林保护等项目，促进低碳技术和可持续解决方案的发展与应用，从而减少温室气体排放。

（2）风险管理。绿色金融有助于企业和金融机构识别、评估和管理与气候变化相关的风险，比如物理风险（自然灾害增加）和转型风险（政策变化、市场需求转向低碳产品）。通过绿色金融产品和服务，如绿色债券、绿色发展基金、碳金融等产品，可以分散这些风险，保障经济平稳向低碳转型。

（3）政策引导与标准制定。政府和监管机构通过制定绿色金融政策、标准和激励机制，引导资金流向低碳、环保领域，加速碳减排进程。例如，建立气候投融资标准体系，为金融机构提供清晰的指导，鼓励

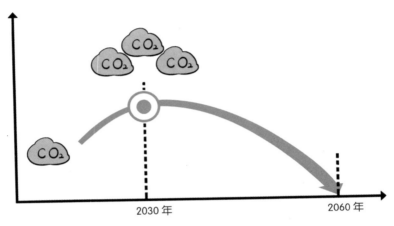

2030 年前，二氧化碳的排放
量达到峰值，开始逐步降低。

2060 年，二氧化碳的排放和
吸收能中和,让精排放量为0!

其投资于符合碳中和目标的项目。

（4）市场机制创新。绿色金融促进了碳交易市场、碳金融产品（如碳信用额、碳期货）的发展，这些机制能够为碳减排提供经济激励，使排放权成为一种可交易的商品，有效降低整体减排成本。

（5）社会参与与意识提升。绿色金融通过各种渠道提升公众和企业的环保意识，鼓励社会各阶层参与碳中和行动。这不仅包括投资者对绿色金融产品的偏好增加，而且也涵盖了消费者对低碳产品和服务的需求增长。

（6）促进技术进步与产业升级。绿色金融支持的项目往往具有技术创新性，能够推动清洁能源、节能技术等领域的快速发展，加速传统产业的绿色转型，为实现碳中和目标奠定技术基础。

绿色金融是实现碳中和目标不可或缺的推动力量，它通过提供必要的资金、优化资源配置、创新金融产品与服务、加强风险管理以及促进社会参与等多方面作用，为全球应对气候变化和实现可持续发展目标贡献力量。

8 | 我国绿色金融的发展现状?

我国绿色金融的发展现状可以从以下几个方面概括:

(1)绿色金融产品和服务多样化发展。虽然绿色金融发展初期以绿色信贷为主,但近年来,随着政策推动和市场需求增加,绿色债券、绿色发展基金、绿色保险等金融产品不断涌现,服务范围逐渐扩大。

(2)政策支持与法治建设加强。政府高度重视绿色金融发展,出台了一系列政策和指导意见,旨在构建市场导向的绿色技术创新体系。同时,法治建设逐步完善,尽管目前法治建设仍处于发展阶段,但已有进步,如对环境信息披露、绿色标准制定等方面给予更多的关注。

(3)金融机构的参与度提升。部分金融机构已采纳国际通行的赤道原则,将环境和社会因素纳入金融决策过程。这表明部分金融机构正主动提升其绿色金融服务水平,并承担起环境责任。

(4)金融科技的融合应用。绿色金融科技快速发展,利用大数据、区块链等技术提高绿色金融项目的评估、监控效率，降低交易成本，促进环境效益与经济效益的双重提升。

（5）面临挑战。尽管取得了一定进展，但绿色金融发展仍面临挑战，包括企业信息披露不充分、环境评估标准不统一、内生动力不足、中小企业融资难等问题。这些问题影响了绿色金融市场的深度和广度。

（6）区域性和特色化发展。部分地区根据自身特点制定低碳金融或绿色金融政策，通过设定低碳金融指标、出台支持政策等措施，推动地方绿色金融体系构建。

（7）投资前景与国际合作。绿色金融被视为稳增长、调结构和体系创新的重要力量，国内外对绿色金融的投资兴趣浓厚。我国也在积极参与国际绿色金融的合作与交流，学习国际经验并贡献中国方案。

我国绿色金融正处于快速发展期，在政策引导与市场驱动共同作用下，正朝着更加成熟和完善的方向发展。

9 | 我国政府在推动绿色金融发展方面采取了哪些政策措施？

　　我国政府在推动绿色金融发展方面采取了多项政策措施，旨在构建一个有利于绿色金融成长的政策环境，以下是几个关键方面的概述：

（1）政策法规体系建设。发布了多项政策文件，如《关于落实环境保护政策法规防范信贷风险的意见》《节能减排授信工作指导意见》《绿色信贷指引》等，明确了金融机构在贷款审批时需考虑环保因素，以及对绿色项目的支持。

（2）激励与约束机制。通过财政政策和货币政策提供正向激励，如将符合条件的绿色信用债纳入货币政策操作的合格担保品范围，鼓励金融机构发放绿色贷款。同时，加强对高污染、高能耗行业的资金限制，实施差别化信贷政策。

（3）绿色金融标准与认证。不断完善绿色金融标准体系，包括绿色信贷、绿色债券、绿色保险等领域的标准，为市场参与者提供清晰的指导。推动第三方认证和环境信息披露，增强透明度和可信度。

（4）产品与市场创新。鼓励金融机构开发绿色金融产品，如绿色债券、绿色发展基金、绿色保险等，拓宽绿色项目的融资渠道。同时，推动绿色金融市场的建设，如设立绿色债券市场，吸引国内外投资者。

（5）基础设施绿色化发展。政策鼓励和支持绿色建筑、绿色交通、通信基础设施等领域的绿色化发展，扩大绿色信贷和投资的领域。

（6）生态环境保护与修复。加大对生态保护修复相关产业的政策支持，包括生态补偿机制、绿色技术装备的更新完善，以及通过绿色金融服务支持生态农业、林业等。

（7）金融科技应用。利用人工智能、大数据等金融科技手段，提高绿色金融项目的评估、监测效率，降低绿色金融业务的成本，提升金融服务质量。

（8）国际合作与交流。积极参与国际绿色金融合作，推动绿色金融标准的国际对接，参与全球气候融资机制，与多国开展绿色金融领域的合作与交流。

通过这些政策措施，我国政府旨在构建一个全面、系统的绿色金融体系，推动经济社会发展与环境保护的和谐共生，助力实现碳达峰、碳中和目标。

10 随着全球气候的变化的加剧，国际社会在绿色金融合作方面有哪些新动向，我国是如何参与其中的？

　　随着全球气候变化的加剧，国际社会在绿色金融合作方面展现出以下几大新动向：

（1）增强国际合作框架。多边合作平台如G20、联合国气候变化大会（COP）等，越来越重视绿色金融议题，推动成员国共享最佳实践，协调一致行动。《巴黎协定》的签署和实施也为绿色金融国际合作提供了框架和动力。

（2）标准化与准则制定。国际上正努力推动绿色金融标准的统一与互认，比如欧盟的绿色分类法（Green Taxonomy）、中国人民银行与欧洲投资银行合作推动的《可持续金融共同分类目录》等，旨在提高资金流动的透明度和效率，减少"绿色洗钱"。

（3）气候融资机制的创新。为了加速资金流向减缓和适应气候变化项目，国际社会探索建立多种气候融资机制，如绿色气候基金（GCF）、气候投资基金（CIF）等，中国作为出资国之一，积极参与其中。

（4）绿色债券市场的国际化。绿色债券成为跨国资本流动的重要渠道，国际投资者对中国等新兴市场绿色债券的兴趣日益增长。中国发行人也在国际市场发行绿色债券，吸引国际资本支持国内绿色项目。

（5）科技与数据共享。利用金融科技和大数据加强气候相关信息的收集、分析与分享，成为国际合作的新趋势。国际组织和多国政府正合作开发气候风险数据库，提升风险管理能力。

（6）能力建设与知识共享。发达国家承诺支持发展中国家提升绿色金融能力，通过技术援助、培训项目和知识交流，帮助后者建立绿色金融体系。中国既是受益者也是贡献者，在南南合作（发展中国家间的经济技术合作）框架下分享自己的绿色金融发展经验。

中国在绿色金融国际合作中的角色日益重要，不仅积极参与国际规则制定，还通过"一带一路"倡议推广绿色投资原则，倡导绿色基础设施建设，与多国签署了双边或多边的绿色金融合作协议。同时，中国不断提升自身绿色金融标准与国际接轨，致力于成为全球绿色金融发展的引领者和推动者。

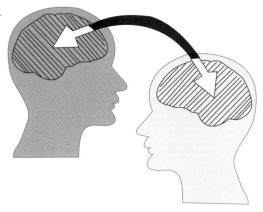

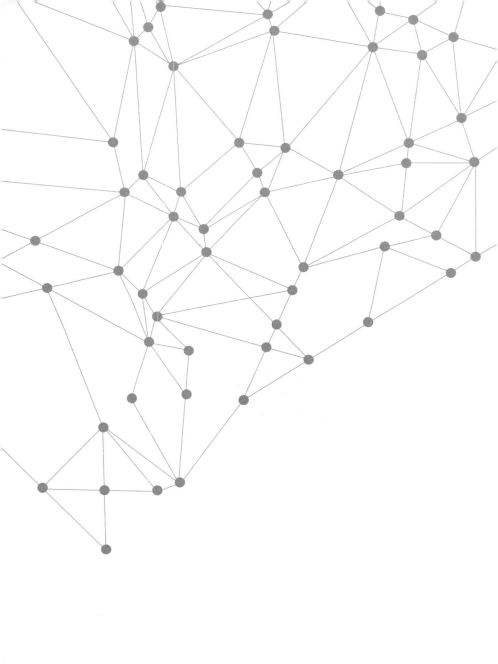

后记

从 2024 年全国两会《政府工作报告》首次将"大力推进现代化产业体系建设，加快发展新质生产力"列为首项任务，到刚刚结束的党的二十届三中全会审议通过《中共中央关于进一步全面深化改革、推进中国式现代化的决定》，新质生产力在我们国家已经踏入的以数字化、网络化和智能化为特征的新纪元中，突破了传统生产要素的局限，成为推动社会和经济发展的新引擎。

超大的市场规模、海量的应用场景，是我国发展人工智能的优势。如何抓住机遇，以智提质，大幅推进人工智能与社会经济融合发展，助力数字经济破浪前行，青海以其独特的地域优势和绿色能源优势交出了一份优质的答卷，并落

实更多的优惠政策支持国家的人工智能战略，做好绿电变绿算的行动力和决心也是有目共睹的。

本书付梓出版离不开青海联通的童庆军总经理的努力付出，联通公司郝天新等几位副总也时常关注。在程泰富同志的带领下，顾喜良、李小航等同志日夜加班，对初稿进行编校。编著的初稿在省专家委员会专家陆宝华老师的要求下，分发给了若干基层同志进行阅读，并提出修改意见。

必须说明的是，既然搞人工智能的普及，初稿用了 ChatGPT 3.5、通义、文小言等大模型，先提出了初稿，在此基础上，进行了多次加工和整理。由于水平有限，对人工智能和绿色算力的理解还很肤浅，错误和缺点是难免的，也希望读者给予指正，我们不胜感激！

陆宝华

2024 年 10 月